U0896436

从容与淡定的人生智慧

赵司琪◎编著

中国纺织出版社

内 容 提 要

纷繁复杂的现代社会，每个人都肩负着生活的重担，内心承受着无尽的压力，许多人会因此而烦躁、生气、焦虑……这些负面的情绪会使自己陷入疲累的怪圈，无法自拔。似乎从容生活已经是现代人可望而不及的奢望。

本书正是抓住人们内心的症结，传授给你从容与淡定的智慧，从生活的细节入手，告诉你人生幸福愉悦的真谛，让你的人生多一丝淡定，少一分负累；多一点从容，多一点洒脱。

图书在版编目（CIP）数据

从容与淡定的人生智慧/赵司琪编著．—北京：中国纺织出版社，2013.1（2024.4重印）

ISBN 978-7-5064-9226-3

Ⅰ．①从…　Ⅱ．①赵…　Ⅲ．①人生哲学—通俗读物

Ⅳ．①B821-49

中国版本图书馆 CIP 数据核字（2012）第 235657 号

策划编辑：闫　星　　责任编辑：曲小月　　责任印制：储志伟

中国纺织出版社出版发行

地址：北京东直门南大街 6 号　邮政编码：100027

邮购电话：010—64168110　传真：010—64168231

http://www.c-textilep.com

E-mail:faxing@c-textilep.com

北京兰星球彩色印刷有限公司印刷　各地新华书店经销

2013 年 1 月第 1 版　2024年4月第2次印刷

开本：710×1000　1/16　印张：15

字数：168 千字　定价：69.80 元

前言

从容淡定是一种境界。从容,宏大、久远、深邃,使这种境界深藏于宇宙和历史的不尽时空中;淡定,兰秀深林,不以无人而不芳,君子立德,不为窘困而改节;淡定从容才能安享人生。

生活当中经常会看到这样的场景:

一场大风把屋前树上的鹊巢吹落到地上,那些用鸟喙一棵棵衔来的草梗,瞬间散落满地。当你以为这些鸟鹊会迁徙,会搬家,或者自暴自弃的时候,没过几天,你会发现屋前的树上又挂起了一个新的鸟巢。

一群蚂蚁在大雨即将来临的时候,敏感地嗅到了危险,它们成群结队,开始了有条不紊地搬家,没有忙乱、没有不安、没有躁动,只有紧张而忙碌的工作,把家搬到另外一个安全的地方。

一位母亲在院子里种下了几棵桃树,当挑花谢了,青桃就像拇指般大小的时候,几个调皮的孩子趁母亲忙碌的空当,把青桃揪落一地,连叶子也没有放过。当你以为母亲会发火,去找这些孩子家长的时候,你会发现,这个母亲只是淡淡地笑了,说了句:“这些顽皮的孩子。”这样的场景,人生之中会遇到很多,这些从容淡定的处世方式,充满了人生的智慧。

从容淡定是一味良药,它能够熄灭内心熊熊的火焰。淡定的“淡”字,左边是水,右边是火,水浇在火上,能够灭火。“淡定”这个词,看似消极、退让,其实是一味降压灭火的药,让大事化小,小事化了。

从容是人生主体的自我解放,是由必然王国向自由王国的不断迈进。

说到从容，我们自然而然就会说到“从容不迫”。由此可见，从容是在“迫”（急迫、紧迫、压迫、强迫等）的情形下的一种不屈不就、不昏不乱、不慌不急的精神状态，遇到任何情况都能镇定自若、安之若素、稳如泰山的心理素质。

淡定是一种态度。遇事沉稳中又积极果断，老练里却又不失谨慎，胜不骄，败不馁。

淡定是一种勇气。行事放松自如，遇事从容冷静，闲看庭前花落，轻摇羽扇城头。

淡定是一种原则。展示出对人对事不急不躁、不温不火，亲而有度、顺而有持。

多一点从容，就会多一分洒脱。从容就是一种豁达宽广的心胸，能够让我们坦然面对祸福；从容是一种运筹帷幄的谋略，让我们能够循序渐进稳操胜券；从容是一种卓而不凡的胆识，让我们能够无畏无惧大气行事；从容是一种通达权变的智慧，让我们能够洞明时势进退自如；从容是一种低调谦逊的态度，让我们能够虚怀若谷韬光养晦；从容是一种以柔克刚的智慧，让我们能够人情练达无为而治。

多一丝淡定，少一分负累。淡定是一种饱经世事的心态，让我们能够宠辱不惊笑看人生；淡定是一种愉悦人心的芬芳，让我们能够摒弃烦恼拥抱幸福；淡定是一种知退能忍的张力，让我们能够达观之心怡然自得；淡定是一种心无旁骛的专注，让我们能够心凝形释自然超脱；淡定是一种随遇而安的境界；让我们能够淡泊名利修身养性。

编著者

2012 年 6 月

目录 CONTENTS

上篇　多一点从容，多一分洒脱

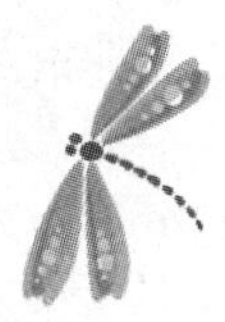

上篇 多一点从容，多一分洒脱

第1章

从容是豁达宽广的心胸——坦然面对福祸自便

○○○ ○○○

要想拥有从容淡定的人生、潇洒不羁的生活，就要摆正自己的心态，以豁达宽广的心胸面对生活。在生活中，有很多事情都是我们难以预料的，因此无法提前做好应对的措施。那么，我们能做的是什么呢？我们唯一能做的就是调整自己的心态，以不变应万变，这样才能从容地生活，潇洒地行走在人生的旅途上。

欣然接受生活所赐予你的一切

人生既有坦途，也有泥泞，甚至还有很多看似难以逾越的鸿沟天堑。每一个人，都行走在人生这条路上，既要应对脚下或崎岖或坎坷的路，也要面对无法预知的未来。对于大多数人来说，生活中最难以面对和接受的就是失败和失去。生活中，几乎每个人都有各种各样的欲望，希望得到一些梦寐以求的东西。因此，我们为了成功而不懈地奋斗着，从来不愿意停下自己的脚步，即使已经非常疲劳了，而一旦没有像预期的那样取得成功，我们往往很难面对失败；生活中，既有得到，也有失去，有些失去我们能够坦然面对，有些失去却让我们难以释怀，诸如失去名利，失去亲友，失去最在乎的一段感情等等。很多时候，人们之所以痛苦纠结，就是因为无法平心静气地面对一切。面对人生的风风雨雨，我们应该欣然接受。只有这样，才能使自己的人生之路走得更加从容淡定。

其实，成功和失败并不像人们所想象的那样水火不容，而是一个事情的两面，它们既对立又共存，是一个有机的整体。在某一段时间内，你会觉得自己的人生是一帆风顺的，不管做什么事情都很顺利，因此你很容易就成功了。这个时候，如果你骄傲自满、疏忽大意，失败会突然给你沉重的一击；反之，也许你有的时候觉得自己万事不顺，不管做什么事情，都一波三折，然而只要坚持下去，终有一天你会获得成功。因此，成功和失败只是现实的两个概念罢了，并没有具体的定义和标准。在做一件事情的时候，人们往往会根据自己的感受给自己作出成功或者失败的评价。其实若能够换一个角度来看，失败也是一种宝贵的经验和财富。在失败的过程中，人们更加深刻地感悟到了人生的真谛，并且还能收获宝贵的经验。

有时，失去恰恰意味着一种得到。我们失去了无忧无虑的童年，却得

到了意气风发的青年时代;我们失去了一段感情,却得到了很多对于感情的感悟和体验;我们失去了年迈的长辈,却迎接来新的生命,一代又一代人正是如此传承的。世界级小提琴家帕格尼尼用苦难的琴弦把音乐演奏到极致;德国的伟大音乐家贝多芬在听力完全丧失以后创作了最杰出的乐章;俄国的伟大诗人普希金,在受到沙皇压迫远离家园的条件下完成了最杰出的诗作。在苦难接踵而至的时候,他们为什么会有这样辉煌的成就呢?答案其实很简单,就是因为他们有一颗平常心,不计较利害得失。一位名人曾经说过:“人们最杰出的成就往往是身处逆境时做出的。思想上的压力,甚至肉体上的痛苦,都有可能成为人们精神上的兴奋剂。”只要勇敢地面对,“残缺”就是可以战胜的。当然,人生中需要面对的事情远远不止这些,而不管面对什么,只要我们能够摆正心态,欣然接受这一切,就能够从容地走好人生之路。既然无法逃避,那么就选择坦然面对。

海伦·凯勒一岁半的时候,突发急性脑充血病,连日高烧,昏迷不醒。当她苏醒过来,眼睛烧瞎了,耳朵烧聋了,灵巧的小嘴也不会说话了。从此,她坠入了一个无声的黑暗世界,陷入了深深的痛苦之中。

虽然一个人在无声、无光的世界里,几乎不可能与他人进行有声的交流,但是,海伦并没有放弃希望,而是依靠自己的顽强努力创造了一个奇迹。为此,她付出了常人难以想象的艰辛。

1894 年夏天,海伦出席了美国聋哑人语言教学促进会,并且到纽约赫马森聋哑人学校学习数学、自然、法语、德语。还在很小的时候,海伦就自信地说:“终有一天,我要去大学读书!我要去哈佛大学学习!”这一天终于到来了。为了安排海伦入学,哈佛大学拉德克利夫女子学院以特殊的方式为她安排了考试。历时 9 个小时,海伦顺利地通过了各科考试,其中,英文和德文取得了优等成绩。海伦终于如愿以偿地开始了大学生活。

1904年6月,海伦以优异的成绩从拉德克里夫学院毕业。又过了两年,她被任命为麻萨诸塞州盲人委员会主席,开始为盲人服务。在繁忙的工作中,海伦勤于写作,先后完成了14部著作。她的很多著作都在世界范围内产生了影响,诸如《我生活的故事》《石墙之歌》《走出黑暗》《乐观》等。海伦的最后一部作品是《老师》,在创作这本书的过程中,她曾经搜集了20年的信件和笔记,但是,这所有东西和四分之三的文稿却都在一场火灾中付之一炬,布莱叶文图书室、各国赠送的精巧工艺礼品也和它们一同被烧毁了。假如换一个人,很有可能会心灰意冷,但是海伦却没有。她非常坚强,痛定思痛,默默地坐到了打字机前,再次开始了艰难的跋涉。10年之后,海伦完成了书稿。她非常欣慰,把这本书作为一份厚礼献给安妮老师。

1956年11月15日,海伦用颤抖的手揭开了竖立在美国波金斯盲童学校入口处的一块匾额上的幕布,上面赫然写着:"纪念海伦·凯勒和安妮·苏莉文·麦西。"对于海伦,著名作家马克·吐温评价道:"19世纪出现了两个伟大的人物,一个是拿破仑,一个就是海伦·凯勒。"

毫无疑问,海伦·凯勒之所以能够成就自己的人生,就是因为她坦然面对了命运所赐予她的一切,不管是幸运的还是不幸的。作为常人,很难想象一个人怎样生活在无边的黑暗之中,而且还是一个无声的世界。然而,就是在这样不可能的情况下,海伦不仅完成了自己的学业,而且还创作了很多具有影响力的著作。比起海伦来,我们显然幸运得多。但是,我们之中的很多人却无法做到像海伦那样坦然地面对生活。因此,我们应该好好向海伦学习,欣然接受命运所赐予我们的一切。

虽然我们无法改变命运,但是我们可以改变自己,怀着一颗平常心,从容地做人做事。既然无法改变命运的安排,就要学会接受,坦然地面对生活。

心胸狭隘的人难以获得成功

常言道,“宰相肚里能撑船”,就是形容人的心胸比较开阔,有容人之量的。其实,不仅是宰相要有大肚量,即使对普通人而言,也要有大肚量。尤其是对现代人来说,岂止是要肚子里能撑船呢。在生活中,很难一帆风顺,事事顺利,每个人都难免会遇到脾气秉性、兴趣爱好不同的人,这就要求我们必须有开阔的心胸,能够真诚地接纳他们,与他们友好相处。任何人都喜欢与心胸开阔能够容人的人交往。只有有修养的人,才能具有容人的美德。凡事都是相对的,只有你能容人,别人才能容你。因此,在人际交往中,最忌讳的就是心胸狭隘。心胸狭隘的人最终会失去所有的人脉,使自己陷入孤家寡人的境地,进而削减他们成功的机会,使他们的生活圈子越来越狭小。

心胸狭隘的人妒忌心往往比较强,他们争强好胜,而且看不得别人过得比自己好。然而,一个人不可能处处都比别人强。纵观历史长河,凡成大事者,都是善于借力的人。他们知道一己之力是有限的,因此非常善于使用比自己强的人。诸如刘备、曹操等,他们都善于任用某方面的能力比自己强的人。正是因为这样,他们才能获得超越普通人的成功。

李杰和周山是某家电脑公司的销售部专员,专门负责销售电脑。他们俩是先后进公司的,业绩都比较突出,工作表现也很出色。最近,公司的销售主管升职了,所以公司需要再提拔一个销售主管。无疑,李杰和周山是比较适合的人选,因为他们不仅销售业绩好,而且都是学市场营销专业的。而其他的销售人员,有的资历不如他们,有的业绩没有他们好,还有的进入公司时间太短。为此,李杰和周山都瞄准了销售主管的位置,暗中较量。

渐渐地，公司里传出来风声，说是李杰在上大学期间曾经因为学习成绩不好而被劝退一次。李杰听到这个消息后非常气愤，他想不明白是谁这么无聊把这件事情揪出来说。对此，领导也专门找李杰谈话，李杰非常坦然地说："我不能否认这件事情，因为我上大学期间的确有一段时间非常贪玩。不过，后来我很认真，不仅以优秀的成就修完了所有课程，还考了几个相关的资格证书。"后来，李杰还把自己的成绩单和证书拿给领导看，并且向领导表明了自己的决心："不管是当销售主管，还是作为一名普通的销售员，我都会不遗余力地专心工作。"

后来，领导也暗中调查这件事情。当领导知道风声是从周山的口中传出来后，对周山的人品产生了怀疑。为此，领导果断地把周山从销售主管候选人的名单中除名了。一个星期后，领导公布由李杰担任新任销售主管。

其实，在竞争销售主管的过程中，周山的机会原本是和李杰不相上下的。但是，正是因为周山为了竞争采取了不正当的手段，所以才会导致领导对周山产生了不好的看法。这就是典型的偷鸡不成反蚀把米。假如周山能够以实力与李杰公平竞争，而不是去翻旧账，也许新任销售主管就是周山。

看过《三国演义》的人都知道，有诸葛亮"三气周瑜"之说。

一气周瑜

《三国演义》"第五十一回 曹仁大战东吴兵 孔明一气周公瑾"："周瑜和诸葛亮约定，假如周瑜夺取南郡失败，刘备再去取，周瑜第一次夺取失利受伤，然后又将计就计，战胜了曹兵，不过，诸葛亮却乘机夺取了南郡等地，既夺取了地盘，又没有违反约定。

二气周瑜

刘备的夫人去世后，为了把刘备骗到东吴再将其杀害，孙权根据周瑜的计策假意把妹妹孙尚香许配给刘备。让人意想不到的是，吴国太（孙

权的母亲)看中了刘备,不仅不让孙权杀刘备,还真的要把孙尚香许配给刘备。周瑜原本计划把刘备与诸葛亮、关羽、张飞等人长期隔开,并且用美色迷惑刘备,使之丧失雄心壮志,但是失败了。因此,诸葛亮又设计使刘备安然无恙地回到荆州,还使周瑜中了埋伏,并且让士兵讥讽周瑜"周郎妙计安天下,赔了夫人又折兵",把周瑜气得吐血。

三气周瑜

《三国演义》"第五十六回 曹操大宴铜雀台 孔明三气周公瑾":刘备向东吴借取荆襄九郡,图谋发展壮大自己。但是,东吴担心刘备强大后势必对自己构成威胁,几次要求其归还荆州。因此,刘备和诸葛亮以攻取西川后必还荆州为借口推迟,但是却迟迟不攻取,此举令周瑜气急败坏,便想出了借道荆州帮助刘备攻取西川,因为欲攻取西川必须途经荆襄,可是周瑜其实是为了攻取荆州。想不到诸葛亮却识破了周瑜的这个计策,使得周瑜被围困住,周瑜又气又急再加旧伤复发,不治身亡。死前,周瑜忿忿地说:"既生瑜,何生亮!"

对于周瑜来说,作为谋天下者,需要面对的事情很多,接触的人也是形形色色,倘若周瑜的心胸能够更加开阔一些,就不会被诸葛亮气死了。

在生活中,每个人都面临着很多诱惑,也会面对很多激烈的竞争。不管是出于什么目的,我们都要端正心态,以开阔的心胸宽待人。要知道,心胸狭隘的人是很难成功的。《法句经》上说:"深渊水清,如静。"真正有智慧的人,即使面临重大问题,也能冷静果断地作出判断,顺利地度过难关;反之,愚蠢的人则目光短浅,只盯着眼前的利益,一旦面临抉择,就手足无措。要想拥有容人的雅量,就要处变而不惊,以不变应万变,以宽容对狭隘,以礼貌谦恭对冷嘲热讽,对待任何事情都能一笑置之,而不是喜怒形于色。如果你渴望成功,就必须克服心胸狭窄的短板,这样人生的道路才能越走越宽。

放下得失心，赢得广阔心境

在生活中，人们每时每刻都在面临着取舍，因此也就自然而然地出现了得失。通常，人们认为取就是得，舍就是失，却没有想过，世间的万事万物都要保持平衡，人也是一样的，必须有舍有得才能维持生存之道的平衡。要想拥有坦然淡定的人生，就要放下得失心，拥有豁达的心胸，做到“取所得时拿得起，舍所去时放得下”。面对得失的心境不同，很多人的人生也因此而不同。倘若人们心胸开阔，能够坦然面对得失，那么，就能够在失去的同时获得很多的收获。反之，倘若人们心胸狭隘，总是患得患失，就会在无形之中失去很多美好的心情，就会离快乐越来越远。通常情况下，因为人们的心态不同，所以客观事物在人们心中所折射出来的心境也是不一样的，从而决定了人们对待同一件事情也会做出截然不同的反应。

在阿尔及利亚，很多农民的玉米都被猴子偷吃过。特别是晚上，农民无法彻夜照看玉米地，因此玉米常常被猴子洗劫一空。刚开始的时候，农民们拿猴子一点办法也没有，后来，他们发现猴子有一个特点，即贪得无厌。因此，他们根据猴子的这个特点发明了一种捕捉猴子的有效方法。农民先在一只只葫芦形的细颈瓶子中放入猴子最爱吃的玉米，然后把它们固定在一棵大树，最后只需要静静地等着猴子上钩就可以了。

晚上，猴子们又来到玉米地里，他们发现瓶子里居然有玉米，非常高兴，不假思索地就把爪子伸进瓶子里去抓玉米。然而，它们却发现自己上当了。原来，这瓶子的妙处就在于猴子的爪子刚刚能伸进去，但是，等到它抓到一把玉米时，却怎么也抽不出爪子来了。其实，只要猴子把爪子中的玉米撒开就能把爪子从瓶子里抽出来了，但是，猴子太贪婪了，根本不

舍得放开到手的玉米，这就导致它们的爪子怎么也抽不出来。因此，它们不得不守在瓶子旁边。直至次日早晨，农民抓住它们的时候，它们还在紧紧地抓着玉米不放手。

在这个事例中，那些可怜的猴子原本能够重获自由，但是却由于贪婪而丧失了自己的自由，甚至生命。在生活中，有很多人也和这些猴子一样，他们为了满足自己无休无止的欲望而失去很多珍贵的东西。为了生存，我们透支着体力和精力，越来越多的人过劳死；为了财富和地位，我们失去了健康和快乐，甚至不惜危害生命健康；为了爱情，我们透支着青春，使自己的情感河流渐渐枯竭。这一切和猴子为了玉米而失去最宝贵的自由和生命又有什么区别呢？

1973 年，一个来自英国利物浦市的青年考进了美国哈佛大学，他的名字叫克莱特。在大学生涯中，一个 18 岁的美国小伙子经常和克莱特坐在一起听课。渐渐地，他们越来越熟悉了，成为了好朋友。大学二年级的时候，由于新编教科书中已经解决了进位制路径转换的问题，因此这位美国小伙子和克莱特商议着一起退学，全心全意地开发 32Bit 财务软件。

听到这位小伙子的提议，克莱特大吃一惊。一则是因为默尔斯博士才刚刚教了点 Bit 系统的皮毛知识，他认为必须学完整个的大学课程才能开发 2Bit 财务软件；二则他的观点是大学学习是很严肃的，必须认真对待。为此，克莱特非常委婉地拒绝了那位小伙子的真诚邀请。

十年的光阴弹指即逝。十年之后，那位退学的小伙子在这一年进入美国《福布斯》杂志亿万富豪排行榜；克莱特则成为哈佛大学计算机系 Bit 方面的博士研究生。1992 年，那位美国小伙子的个人资产高达 65 亿美元，成为美国第二大富豪，仅次于华尔街大亨巴菲特；克莱特则接着刻苦攻读，拿到了博士学位；1995 年，那位小伙子已经超越 Bit 系统，开发出了 Eip 财务软件，而直至此时，克莱特才认为自己已经具备了足够的学识

研究和开发 32Bit 财务软件。但是,那个小伙子开发出的 Eip 系统却比 Bit 快 1500 倍,仅用了短短两周的时间就占领了全球市场。在这一年,那个小伙子成为了世界首富,他的名字作为成功和财富代表传遍了世界各地——他的名字就是比尔·盖茨。

时至今日,比尔·盖茨的鼎鼎大名令很多人如雷贯耳,在大多数人们的心目中,他简直就是一个奇迹。那么,他是如何创造奇迹的呢?在这个世界上,绝大多数人都认为只有具备了足够充分的准备才能开始创业,但是,比尔·盖茨的成功恰恰颠覆了这一点。很多人都是在知识不多的情况下直接对准目标成就了一番事业,然后在创造过程中根据需要补充知识。但由于大部分人都为了准备得更充分,因此错失了很多良机。比尔·盖茨中途从哈佛退学去创业,获得了巨大的成功。试想,如果他等到学完所有知识再去创办微软,那他还能抓住千载难逢的机会成为世界首富吗?答案显而易见的。

毫无疑问,在选择的过程中,比尔·盖茨使自己的人生走向了成功。然而,他的成功取决于他能够不计较得失,遵从自己的内心,做出了正确的选择。放下是人生的大境界,是一种超然、一种解脱。人生赢在拿得起又放得下,这才是真正的无怨无悔的人生。著名作家贾平凹说过:"会活的人,或者说取得成功的人,其实懂得了两个字:舍得。不舍不得,小舍小得,大舍大得。"其实,很多人都面临人生的众多选择,要想无怨无悔地生活着,就要放下得失心,勇敢地面对自己的人生。

福祸自便,强大内心福运则致

所谓人生百味,指的是人生有各种各样的滋味,或者幸福,或者不幸,或者高兴,或者沮丧……在人生的道路上,在幸福之余,总是伴随着坎坷

和挫折，很难一帆风顺。因此，人们常说，人生不如意十之八九。当遇到挫折的时候，最重要的是要有一颗坦然面对挫折的心。要知道，对于身处困境的人而言，一味地自艾自怨是无济于事的，只会导致事情更加恶化。反之，假如我们能够采取积极的心态坦然地面对，就能够找到摆脱困境的途径。

很多时候，祸和福只是人们内心对于客观外物的感受，并没有一定之规。同样一件事情，对于有的人来说是一种人生的历练，对于有的人来说则是难以逾越的鸿沟。很多时候，祸和福是可以相互转化的，老子说："祸兮福之所倚，福兮祸之所伏。"意思就是说祸与福是对立而又统一的，它们互相依存，在某些情况下可以互相转化。换言之，坏的事情未必一定能够引出坏的结果，好的事情也有可能导致坏的结果。既然人生是如此无常，我们就要锻炼强大的内心，坦然面对生活中所谓的祸和福，这样才能使自己迎来更多的福气，也才能使祸更多地转化成福。自古以来，就有很多名人在灾祸面前镇定自若，坚持不懈，最终使祸有了好的结果。作为一名音乐家，虽然命运使贝多芬双耳失聪，但是他丝毫没有放弃，仍然可以谱写出《第九交响乐》；霍金虽然身罹重症，但是却坚持不懈地探究宇宙的奥秘；大文豪苏轼被贬黄州，人生陷入了低谷，但是他却始终积极乐观……从他们身上，我们不难发现，很多时候，只要采取坦然的心态、欣然的态度，人生的阻碍就有可能变成垫脚石，使人们走上人生的一个新的层次。

张华今年已经46岁了，是一家公司的部门主任。2008年金融危机席卷全球，他们公司也难逃厄运，因此进行了大规模的裁员，张华也在裁员的名单之中。刚刚知道这个消息的时候，张华不免灰心丧气，要知道，他的女儿正在读大学，每年都需要交一笔高昂的学费。如今，他却下岗了，全家一下子失去了生活来源。整整两个月的时间里，张华都一蹶不振，无法面对自己下岗的事实。每天，他都躲在家里不出去，生怕街坊邻

居们问自己为什么没有去上班。但是,生活总是要继续的。突然有一天,张华在电视上看到了一个关于下岗职工创业的电视节目,他看完之后幡然醒悟,意识到这样自暴自弃只会给家人带来更大的伤害。

经过半个多月的考察后,张华发现自家小区周围缺少一个卖早点的摊位,小区的人们早晨想去外面买早点,都要走很远的路。因此,他回家以后精心研究各类早点的做法。又过去半个多月,张华的早点摊位顺利开张了。因为周围住的都是老街坊老邻居,所以大家都很信任张华,都要来张华的早点摊解决早饭问题。果不其然,张华的早点摊生意非常好,他和妻子两个人根本忙不过来,不得不又雇佣了两个服务员。半年下来,张华的生意已经非常稳定了,因为有老客户的长期支持,他们的收入甚至比上班的时候翻了两番。

如今,张华每天都笑呵呵的,虽然累点儿,但是心里高兴。他和妻子商量,再干一两年的早点摊位,积攒一些资金,然后就在附近租个门脸房开个饭店,早晨卖早点,白天开饭店,两不耽误。面对生活的美好前景,他们更有信心了。

和张华比起来,与他一同下岗的李明则没有那么幸运。虽然下岗已经一年多了,但是李明的状态仍然和张华刚刚下岗的时候一样。每天,李明都怨天尤人,始终纠结于自己为什么下岗了,更不知道未来的道路在何方。因为李明下岗之后始终没有信心,消极地逃避,因此他一直没有找到合适的工作。在李明失去经济来源的情况下,他的孩子不得不高中毕业就出去打工,连大学都没有上。为此,李明的爱人天天和李明吵架,闹得家里鸡犬不宁。

同样是下岗,为什么李明的命运和张华相差如此之大呢?原因就在于他们对待下岗的不同态度。张华也沉沦过一段时间,但是他很快找到了人生的方向,而这种幸运取决于他本身的乐观心态。相比之下,李明的

命运其实并不是简简单单的“倒霉”二字就可以概括的，倘若不改变消极悲观的心态，他就很难从下岗的阴影中走出去。由此可见，只有坦然面对生活中的不幸，才能战胜困难，让灾祸转化成福运。

昨日东逝水，不必强挽留

从出生开始，每个人就开始形成自己的历史。对于生活一帆风顺的人而言，历史相对简单一些；对于经历坎坷的人而言，历史则相对更加复杂。那么，我们是否要像史学家一样把自己的历史编成一本厚重的书时时牢记呢？答案是否定的。有些历史需要牢记，有些历史恰恰需要忘记，这样人生才能轻松前行。假如把所有的人生经历都不加选择地牢牢记在心上，那么，人生就会背上沉重的负担，很难轻松快乐地生活。

很多人用流水来比喻人生，因为人生是不可逆转的。即使你牢牢地记住那些不开心的事情，也无法改变什么，只能徒增烦恼而已。与其记住烦恼，不如记住快乐的点滴，这样最起码在想起来的时候能够开心地笑一笑。其实，不管我们多么努力，都无法使自己的人生摆脱缺憾和不如意。但是，我们可以改变自己面对这些事情的心态。生命中或悲或喜的瞬间，等到经历之后再回首，会发现他们只是沧海一粟，根本不值一提。虽然我们要学会珍惜生命中的每一个经历，但是也要学会适当地放弃，要知道，有舍才有得。对于那些使我们痛苦不堪的记忆，在汲取了经验和教训之后，最好选择让它随着时间流逝，切忌死死抓住这些事情不放手。否则，只会使自己一次次地陷入痛苦的深渊，无法自拔，而且还会影响现在的生活，使你因此而失去更多的东西。

亚楠自从发现自己的丈夫出轨之后，就像变了个人一样。她怎么也想不明白，自己和丈夫是大学同学，大二起就开始谈恋爱，整整谈了 7 年

的恋爱，如今，结婚已经8年了，孩子也已经5岁了，相濡以沫15年的感情，难道说变就变吗？亚楠以前特别温柔贤淑，说话的声音都很小，她不仅用心地照顾丈夫和孩子，对公公婆婆以及家里的其他亲戚也很好，但是，丈夫却宁愿了一个刚刚认识半年的小丫头而伤害自己的家庭，这让亚楠百思不得其解。

因为这件事情，亚楠变得歇斯底里，为了维护自己的家庭，她不仅打电话辱骂那个小丫头，还去丈夫的单位找领导，使丈夫在单位里抬不起头来。除此之外，家里的所有亲戚都知道了这件事情，尽管他们也都纷纷指责和劝说亚楠的丈夫，但是却丝毫没有作用。为此，亚楠甚至还偷偷地跟踪丈夫。事已至此，丈夫由之前偷偷摸摸地和那个小丫头交往，开始变得明目张胆，一连几个星期都不回家。在经历了这一番吵闹之后，亚楠彻底绝望了，把儿子送到姥姥家之后，亚楠回到家里选择了自杀。她关闭了门窗，打开了家里的燃气，吃了一瓶安眠药之后，静静地躺在床上睡熟了。

一个邻居路过他们家的时候闻到了天然气的味道，联想起他们家最近战火连天，邻居赶紧报警。亚楠幸运地捡回了一条命，刚刚睁开眼睛，就看到了老泪纵横的母亲抱着儿子正守在床前。这一刻，亚楠深深地责怪自己是一个不负责任的女儿和母亲。她很庆幸，自己又回到了这个世界。出院以后，亚楠找到丈夫办理了离婚手续，自己一个人带着儿子一起生活。这次死里逃生让她获得了新生，她绝口不提之前的事情，每天都非常快乐地生活着。一年多过去了，一个优秀的男人开始追求亚楠，与亚楠一起开始了新的生活。

不敢想象，倘若亚楠自杀成功，她的老母亲和年幼的儿子应该如何生活下去。幸运的是，亚楠在鬼门关转了一圈之后，又回来了。而且，经历了这次生死考验之后，她知道了生命中最重要的是什么。不管对于谁来说，生命中最重要的是要有勇气继续往前走，而不要一味地纠缠于过去。

虽然曾经有过轰轰烈烈的爱情和甜蜜幸福的家庭，但是当丈夫的心一去不返的时候，亚楠最应该做的是学会面对，而不要沉浸在过去的种种回忆中难以自拔。要知道，以前甜蜜美好的回忆，对于此刻遭遇背叛的亚楠来说无异于一把把插在心上的尖刀。而最好的做法是，忘记过去那些事情，对于一个背叛爱情和家庭的男人而言，最好的惩罚就是遗忘。对于这个遭到伤害的女人而言，纠结只会给自己造成更大的伤害，让过去像流水一样逝去，才是最好的选择。

面对人生的坎坷挫折，面对情感的起起落落，什么是我们应该坚守的，什么又是我们应该放弃的？对于这个问题，答案在每个人的心中，因为只有我们才知道自己最需要的是什么。然而，不管我们曾经经历过怎样的过往，都应该学会放弃，学会彻底摆脱各种各样的羁绊和纠缠，这样才能全心全意地继续现在的生活。只有挣脱昨日的束缚，才能使心灵更加纯粹地去迎接崭新的生活。

在人生的长河中，昨天已然成为历史，明天还没有到来，对于任何人而言，唯一能够把握的就是今天。面对生活，积极的人活在当下，抓住每一分每一秒好好地活着，悲观的人活在过去，总是沉浸在对过去的回忆之中，导致昨天经历的失败成为今天前进的绊脚石。尽管过去对于每个人来说都是一种很重要的经历，但是即使我们再怎么懊悔沮丧，过去也已然成为无法改变的历史。因此，我们要学会从过去的经历中汲取经验，然后努力地开始新的生活。

吃亏是福，计较只会失去更多

老祖宗给我们留下一句话，吃亏是福。现代社会，人们一个比一个精明，哪里还有人愿意吃亏呢？然而，事实证明，凡事斤斤计较的精明人只

会得不偿失，而大智若愚的人反而更有福气，正所谓“有心栽花花不成，无心插柳柳成荫”。尤其是在职场中，那些明哲保身的精明人往往被派去完成一些固定的任务，而那些不计较得失的“傻人”反而有机会被领导委以重任。这是什么原因呢？

其实，能吃亏的往往是聪明人，他们不仅睿智，而且心胸开阔。吃亏是大度的表现，更是一种难得的人生境界。正是因为乐于吃亏，人们才逐渐变得成熟。要知道，吃亏不亏！不怕吃亏、愿意吃亏的人，总是喜欢把别人往好处想，因而也就更加愿意为别人多做一些。这些人看似迂腐，实际上却拥有宽广的胸怀，因而他们比心胸狭隘、斤斤计较的人享受到了更多的快乐和幸福。在社会交往中，吃亏的人不但能够得到更多人的支持，而且也赢得好人缘。到底是吃亏还是赚便宜，恐怕还有待时间的检验。在这个世界上，既没有天上掉馅饼的好事，也没有不明不白的失去。很多时候，物质上的舍弃能够给我们换来精神上的愉悦，而很多人看似占到了大便宜，却因此而破坏了自己的心情。捡到钱包的人也许一时之间很高兴，但是花着不劳而获的钱却总是有些忐忑。而捡到钱包归还失主的人，虽然没有得到物质上的好处，但是却得到了精神上的极大满足。由此可见，老祖宗说的“吃亏是福”是非常有道理的。

张明博是学中文专业的，大学毕业后进了一家出版社当编辑。有一段时间出版社的业务量有所下降，因此，社长想安排一个编辑去做发行工作。但是，大多数编辑都习惯了办公室的舒适工作，因此都不愿意去做推销。当社长找到张明博谈话的时候，张明博很痛快地就答应了。其实，张明博的想法很简单：“既然大家都不愿意去，那我就吃点亏吧，编辑和发行有很大的差异，我正好可以趁机积累一些工作经验。”

于是，张明博就到了发行部工作。工作了一段时间以后，他发现发行的工作并不像想象中的那么难，因此，他便每天都按部就班地向外联系、

包书、送书。日积月累，由于他踏实勤奋，居然为社里建立了一个很好的发行网络。对于他的工作，同事们和领导都非常认可，觉得他是一个难得的脚踏实地地工作的年轻人。就这样，张明博在发行部一干就是几年。

后来，社里的业务量扩大了，急需提升一个主管发行工作的副社长。社里的几位领导都不约而同地想到了张明博，认为他是最为合适的不二人选。首先，张明博当过编辑，对图书的内容比较有把握；其次，张明博还有好几年的发行经验，对发行业务很熟悉。张明博是既懂编辑又懂得发行的难得人才，因此他顺利地成为了社里最年轻的副社长。事情发展到现在，以前那些不愿意做发行的编辑同事纷纷懊悔不已，都说张明博拣了个大便宜。对此，张明博只是一笑置之。

其实，张明博在同意做发行的时候，根本不可能预知会当副社长。他只是体谅到领导的难处，愿意借助这个机会积累一些工作经验而已。然而，命运是公平的，正是因为他的工作经历，他才毫无悬念地晋升为社里最年轻的副社长。试想，倘若他当时也像其他同事那样坚持不去发行部，就不会有这么丰富的工作经验，也就根本不可能如此顺利地当上副社长。由此可见，当时看来的吃亏给他带来了福气。

很多人都看过《阿甘正传》，都对那个老实纯朴的阿甘印象深刻。很多时候，始终处于劣势的人反而比那些精明人更容易获得成功。所谓吃亏，往往意味着舍弃与牺牲，但是，在你失去某些东西的同时，你也会获得很多意想不到的东西。在职场中，往往是那些看似愚钝的人更容易获得成功，他们往往不吝惜自己的力气，主动承担一些工作，任劳任怨，因而不仅积累了宝贵的工作经验，也获得了领导的赏识；反之，那些看上去非常精明的人则总是斤斤计较，不愿意多干任何工作，凡事都是敷衍了事，只要能够在领导那里蒙混过关就可以。领导的眼睛是雪亮的，最终这种人很难得到领导的认可和赏识。

善待生活，压力自会化解

生活就像一面镜子，你笑它笑，你哭它苦。在很大程度上，心态往往决定了人生的状态。心态总是在无形之中影响着人们的思想和行为，可以说，心态具有神奇的力量。心态可以分为消极和积极两种。消极的心态使人们不思进取，懵懂度日，根本没有人生的方向；相反，积极的心态能够帮助人们奋发向上，乐于进取，因而赢得健康、快乐、财富和成功。面对生活的心态不同，因而人生的境遇也各不相同。

面对生活的坎坷和挫折，心态积极的人愈挫愈勇，最终战胜困难；心态消极的人悲观绝望，坐以待毙。由此可见，心态消极的人即使面对微不足道的小困难、小挫折，也会一蹶不振，而只有心态好的人，才能充分发挥自己的能力战胜困难，以绚烂的微笑迎接美好的生活。

众所周知，没有人的生活是一帆风顺、万事如意的，面对生活，每个人都或多或少地有一些坎坷和挫折。遇到困难的时候，抱怨非但无济于事，甚至还会起相反的效果，使人们更加委靡不振。倘若能够换一种积极心态面对生活，生活也会报之以微笑，即使面对困难，也能够很轻松地化解。打一个形象的比喻，这就像蚂蚁和大象。面对一个苹果，蚂蚁会觉得是难以逾越的大山，而大象则觉得这个苹果只是一粒垫脚的沙子。这个蚂蚁和大象就是我们的心态。同样是一个困难，不同的人因为心态不一样，因而在眼中所看到的困难也是不一样的。

1927 年，美国阿肯色州的密西西比河大堤被洪水冲垮了，一个 9 岁的黑人小男孩的家也在洪水中毁于一旦。正当肆虐的洪水即将吞噬这个小男孩的一瞬间，他的母亲竭尽全力把他拉上了堤坡。

1932 年，男孩从八年级顺利毕业，但是，他不得不到芝加哥就读初

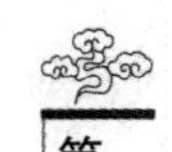

中,原因是阿肯色的中学不愿意招收黑人,但是他贫穷的家根本承担不起去芝加哥读书的高昂费用。就在此时,母亲做出了一个惊人的决定——让男孩复读一年。为了攒钱供养男孩读书,她整日为几十名工人做饭、洗衣。

1933 年夏天,千辛万苦地凑足了那笔学费,母亲义无反顾地带着男孩踏上了奔向芝加哥的火车。在芝加哥,男孩读书,母亲给别人家里当帮佣。男孩果然没有辜负母亲的期望,他以优异的成绩从中学毕业,之后又继续读完了大学。1942 年,大学毕业后,男孩决定创办一份杂志,不过,正当准备工作都做好了的时候,他们却因为缺少 500 美元的邮费而无法给订户发征订函。一家信贷公司愿意提供一笔抵押借贷,为此,母亲把自己分期付款买的一批新家具作为抵押,为儿子筹措到了启动资金。要知道,对于母亲而言,这批新家具是她一生之中最心爱的东西,是她分期付款很长时间才买到的。

1943 年,男孩创办的杂志获得了巨大的成功。现在,男孩终于可以圆自己多年以来的梦了:他把母亲列入他的工资花名册,并且告诉母亲是他的退休工人,终身享受退休职工的待遇,以后再也不用工作了。那天,母亲激动得泣不成声,男孩也哭了。

然而,好景不长,在一段反常的日子里,男孩的事业与生活双双陷入了困境。面对巨大的困难和阻碍,男孩觉得自己无力回天,他想选择放弃,并告诉母亲:“妈妈,看来这次我真的无法扭转局面了,我注定要失败了。”

妈妈没有放弃,她问儿子:“你已经尽力了吗?“

“是的。”男孩很沮丧。

妈妈还是不死心,接着问:“真的已经尽力了吗?”

“是的。”男孩看着母亲。

想不到，母亲非常果断地结束了谈话，并且说："尽力了就好。不管什么时候，只要你尽力去做了，你就一定能够获得成功。"

在母亲的鼓励下，男孩恢复了信心。果然，他有惊无险地渡过了难关，取得了事业上的成功。你知道这个男孩是谁吗？他就是美国《黑人文摘》杂志的创始人约翰森。经过努力，他不仅成为了约翰森出版公司总裁，而且还拥有三家无线电台。

面对事业的低谷，约翰森始终牢记着母亲的话"不管什么时候，只要你尽力去做了，你就一定能够获得成功"。正是这句话，使约翰森重新树立了信心。不管面对怎样的艰难困境，他始终努力着，从不放弃。约翰森的经历告诉我们：命运全在搏击，奋斗就是希望。只有在放弃努力的情况下，才会彻底地失败。

第2章

从容是卓越不凡的胆识——无畏无惧大气为事

在生活中，每个人都想修炼出从容淡定的心态。然而，从容淡定的心态却不是一朝一夕就能形成的。生活就像一条大河，既有静水流深的地方，也有水流湍急的时候。当然，河两岸的景色也是随着四时的变化而变化的，甚至还有很多出人意料地“惊喜”。这些“惊喜”或是令人惊，或是令人喜，不管我们是否愿意接受，它们都如约而至。因此，我们不如坦然镇定、无所畏惧地面对。

心态从容，做事才更大气

在中国历史上，老子首先提出了要大气做人的观点。《老子·三十八章》中说，"大丈夫：处其厚，不居其薄；处其实，不居其华"。这句话的意思是我们要学会抱朴守拙。所谓抱朴，指的是保持自己纯真朴实的本性；所谓守拙，指的是坚守憨厚耿直的本性。用现代的观点来看，所谓的"大气"指的是人的精神状态和气度，这其中既有天生的性格因素的影响，也受到修养、学识等影响。要想成就大器，就必须有坚韧不拔、锲而不舍的毅力；要想成就大器，就必须有刻苦修炼、百炼成钢的顽强意志；要想成就大器，就必须有伟大的志向和高远的目光；要想成就大器，就必须有顽强的毅力和必胜的信念。在人生的道路上，我们只有以从容的心态面对艰难险阻，才能戒骄戒躁，大气处世。

古人说："君子要忍人所不能忍，容人所不能容，处人所不能处。"从这句话中不难看出来，只有具有良好的修养，才能心胸开阔，豁达为人。生活中，每个人都免不了要经历很多坎坷和挫折，只有以从容的心态坦然地应对人生，才能宠辱不惊，胜似闲庭信步。而只有达到这种境界，才能真正做到大气做人。

李杜和张跃是大学同学，毕业后一起进了一家软件公司工作。他们都是搞软件的，所以都被安排在研发部工作。在工作的头一年里，李杜和张跃都非常勤奋认真，他们经常主动要求加班，得到了同事和领导的一致认可。

一个偶然的机会，公司需要外派两名员工去国外的公司进修。这个机会很难得，不仅可以学到宝贵的知识，积累经验，还可以开阔视野。因此，研发部的同事们都想争取到这个机会。不过，研发部的很多同事都是老员工了，工作经验非常丰富，因此公司决定派一名老员工和一名新员工去国外的公司进修公司里的新员工只有李杜和张跃，他们俩很清楚彼此已经变成了竞争对手。李杜性格比较内向，不太爱说话，总是默默地工作着。相比之下，张跃则更加活泛，他不仅工作很出色，而且和同事、领导的关系都相处得非常好。因此，大家都认为张跃被外派的可能性个更大。

经过一个多月的考察，领导最终决定派李杜和另外一名老员工去国外进修。大家都百思不得其解，为什么领导没有选择乐观开朗的张跃呢？后来大家才知道，原来领导原本已经选定了张跃，但是张跃却向领导推荐了李杜。因为是大学同学，所以张跃很清楚李杜的家境不是很好，家里的哥哥姐姐都务农，只供养了李杜这么一个大学生，也知道李杜的父母在他的身上给予了很大的期望。因此，张跃特别真诚地请求领导派李杜出去进修，而自己情愿等待其他的机会。李杜知道这件事情以后，心里非常感激张跃，他为自己能够有这样的同学和同事而万分庆幸；同时，领导也因为张跃的大气而对张悦刮目相看。在公司开办分公司的时候，领导破格提拔张跃去分公司担任研发部主任。

毫无疑问，张跃之所以能够得到破格提升，正是因为他心胸宽广，不计较个人得失，能够为他人着想。所谓大气者，不仅要有开阔的心胸，而且还要有从容处事的心态，不为名利所驱使。要想成就大事，就必须有“大气”，这样才能不拘小节，镇定从容中成就大事。

在人生的道路上，每个人都难免遇到坎坷和挫折，既然无法逃避，那么不如勇敢地面对。所谓成功与失败，其实就是一件事情的两个结果而已。其实，挫折与失败并不可怕，关键在于我们是否有一颗淡定的心。倘若我们的心中波澜不惊，那么，即使是再大的风浪，也一定能够顺利地通过。总而言之，做人一定要从容一些，大气一些，学会忘记生活中的悲伤与痛苦，笑着重新踏上生活的征程。只要心态从容淡定，那么命运之神就会眷顾你。

学会放手，畏首畏尾必然失败

看过《动物世界》的人很容易就会发现一种有趣的现象：诸如老虎、狮子、狼、鹰之类的动物总是张狂地翘着尾巴。尤其是狼群里的头狼、猴群里的猴王，它们的尾巴总是像旗帜一样高高地翘起，成为一种权威的象征。相比之下，那些处于弱势的动物则收敛很多，它们往往夹着尾巴俯首称臣，例如，小猴会讨好地给猴王抓虱子。由此可见，在动物世界里，夹着尾巴象征着弱势。在弱肉强食的动物世界，弱者必须夹着尾巴才能有一条生路。反之，尾巴一翘，很容易暴露自己招来灾祸。正是因为如此，聪明的动物在大多数时间里都会把尾巴紧紧地夹住，以缩小目标，随时做好隐藏或逃遁的准备。

在人类社会，也是同样的道理。也许，很多人正是从动物的身上得到了启发：原来，夹着尾巴可以保护自己，让人在屈伸之间找到和谐通融的法宝。人类社会毕竟不同于动物世界，在一群猴子之中，只有一只猴子可以成为猴王；在一群狼之中，只有一只狼有机会成为头狼。但是，人类社会则不同于此。人类社会有各行各业供人们选择，而在这些行业中，每个人都有机会出人头地，因此才有了“三百六十行，行行出状元”之说。在这种情况下，不管我们从事哪个行业，具体做哪个工作，都应该放开自己的手脚，奋力一搏。只要努力了，就有机会；如果不努力，天上永远不会掉馅饼。

朱振强大学毕业后来到一家民营企业工作。因为刚刚大学毕业，没有什么工作经验，所以他非常小心谨慎，处处都害怕犯错误，因此做起事情来畏首畏脚。

有一次，领导交代给他一个重要的任务，除了给他配了两个助手之

外,还给了他很大的权限,让他随机应变,灵活地处理遇到的问题。但是,朱振强却没有珍惜这个得来不易的展示自我的机会。在完成工作的过程中,他一遇到问题就给领导打电话请示,一次,两次,三次……领导很生气,觉得自己看错了人。后来,虽然任务完成得比较圆满,但是朱振强却给领导留下了一个没有主见的印象。实际上,以朱振强的能力,完全可以独立带着助手完成任务,而他却因为怕犯错误、怕担责任而屡屡请示领导,最终导致领导不胜其烦。从那以后,领导再也没有给朱振强安排富有挑战性的工作,而只是让他从事一些最基本的工作。

转眼,一年的实习期到了,领导找了一个理由辞退了朱振强。直到离开公司之前,朱振强也不知道自己犯了什么错误。

高鹏高中毕业后没有读大学。他从小就对汽车感兴趣,因此他自作主张地报了一个汽修培训班。父母知道这件事情的时候,虽然感到生气,但是却也无可奈何,不得不支持高鹏的决定。经过一年的学习,高鹏已然非常了解汽车了。为了增强自己的实战经验,他应聘到一家4S店修理汽车。这一修,又是三年。在这三年里,高鹏接触到了各种各样的汽车,也见识到了汽车出现的各种毛病。此时,他觉得时机成熟了,便毅然决然地辞退了工作,用几年的积蓄开了一家汽车修理厂。因为修车技术好,服务周到,,高鹏的生意就越来越火爆了。过了没几年,他的汽车修理厂就扩展到了三家门店,每一家门店都颇具规模。面对事业发展得非常顺利的高鹏,父母也无话可说了,他们不得不承认高鹏的决定是正确的。

显而易见,朱振强的失败之处就在于他做人做事过于畏首畏脚。要知道,领导之所以决定聘用一个人,正是因为想让这个人施展自己的才华,为公司创造效益。而朱振强在领导已经授权的情况下,还是不管大事小情都要打小报告问个清楚,这样一来,领导势必不胜其扰,甚至还会怀疑他的能力。相比之下,高鹏做事情则显得坚定果敢,干脆利落。高考是

人生中的大事,但是他却自主决定了自己的未来的人生道路。从事例中不难看出,高鹏在走人生每一步的时候都是非常果断的,看起来大刀阔斧,但却胜券在握。正是因为他这种敢想敢干的拼搏精神,他才最终获得了成功。试想,假如他在做每一件事情之前都瞻前顾后,犹豫不决,他还能有今天的成就吗?他也许会像大多数人那样按部就班地读大学,找工作。可以说,高鹏的成功正是取决于他果敢执著的做事风格,放开手脚的拼搏精神。

怀坚强之心,艰难困苦只是一时

对于整个宇宙而言,人类只是沧海一粟;对于整个人生而言,不管此刻你面临着怎样的艰难险阻,都只是暂时的,终将会过去。因此,无论面对怎样的困难,我们都应该坚定自己的内心,相信所有的困难都只是一时的,能够战胜的。记得一个年近古稀的老人说过一句特别朴实的话,“不管怎样,日子总要继续往下过。”这句话看似平淡无奇,但是却揭示了人生的真谛。老人历经七十载人生,经历了无数的苦难,得出了这么一句大实话。还有人说,哭也是一天,笑也是一天,何不快快乐乐地过呢?这些话说起来都很轻松,做起来却都很难。假如没有一颗坚强的心,就很难从容乐观地面对生活。

面对生活的风风雨雨,怎样才能让自己始终保持一颗坚强的心呢?要想变得坚强,就要保证不管身处何种境地,都有良好的心态。面对生活的苦难,假如没有良好的心态,就很容易被打垮,甚至一蹶不振。反之,倘若能够积极乐观地面对生活,坚持不懈地努力,那么,即使是再大的坎,也能够迈过去。要记住,不管什么时候,“精神支柱”都是人生中最宝贵的。很多时候,精神的力量是很强大的,能够支撑着我们坚定不移地走下去。

为了得到外界的支持和鼓励,我们可以经常与身边的朋友交流,还可以阅读一些名人的事迹,获得人生感悟。在遭遇困境时的时候,不妨读一读海伦·凯勒写的《假如给我三天光明》,从这本书中,我们可以获得很多的人生激励;在遭遇挫折时,不妨读一读《钢铁是怎样炼成的》,学习一下保尔·柯察金顽强不屈的精神。在这些精神领袖的感召下,我们一定能够使自己变得更加坚强,从而拥有更充足的信心来面对人生的风风雨雨。

电影《隐形的翅膀》讲述了一个关于残疾人的故事。在辽阔壮美的内蒙古草原上,15 岁的花季少女志华收到了高中录取通知书。在兴奋之余,她和同学们相约去放风筝。不幸的是,她被高压电击中。经过医院奋力抢救,她虽然侥幸活了下来,但是却失去了双臂。

在沉重的打击之下,志华的妈妈患上了间歇性精神分裂症。原本,志华可以自己做的事情现在都不能做了,失去双手的她甚至连吃饭、穿衣、上厕所都需要别人照料。在这种情况下,她的生活变得异常艰难。虽然志华特别喜欢学习,连做梦都想回到学校上学,但是因为她没有写字用的双手,不能像其他同学一样完成作业,所以学校拒绝接收她。面对失学和生活不能自理的艰难处境,志华痛苦异常,甚至想结束自己的生命。然而,爸爸妈妈的爱唤醒了她面对生活的勇气。为了重返校园学习,她在家里练习用脚写字。对于常人来说,脚趾又短又粗,想把铅笔夹起来都很难,更何况是写字呢?没过几天,志华的脚趾就被磨烂了,结出了厚厚的血痂。功夫不负有心人,终于,她学会了用脚流利地写字,并且因为学校离家太远,为了避免迟到,志华不得不选择住校。而要想住校,首要条件就是她必须具备生活自理能力。为此,她废寝忘食地苦练脚上功夫。最终,她学会了用脚刷牙、洗脸、穿衣、梳头、做饭,甚至还学会了用脚穿针引线、缝补衣服……总而言之,原本需要用手才能做的事她几乎都用脚做到了。

志华妈妈的间歇性精神分裂症日益恶化。一次意外的刺激后，妈妈被幻觉误导，走进一个水泡子里，差点儿被淹死。虽然志华及时发现了妈妈，但是因为她没有手，再加上不会游泳，所以她只能奋不顾身地跳进水里，大声呼喊救命。在危急关头，一辆拖拉机开了过来，才把奄奄一息的志华和妈妈救了上来。一个偶然的机会，市残联的教练来学校挑选运动员，志华想到妈妈上次掉到水塘中发生的意外，便毫不犹豫地选择了游泳项目。为了安慰妈妈，她向妈妈保证一定会考上大学，不再让妈妈担心。高考填报志愿的时候，为了医治妈妈的病，志华报考了医学院。出乎她的意料，尽管她的分数远远超过了录取分数线，但是她所报考的医学院却因为她没有双手而拒绝录取她。志华的妈妈无意中知道了她没有被录取的消息，经受不住打击，精神分裂症发作，走失了。

在全国残疾人运动会上，志华取得了好成绩，获得了进军残奥会的资格。遗憾的是，此时此刻，她的妈妈已经离开了人世。为了纪念妈妈，志华和爸爸一起去放风筝，这个风筝是妈妈专门亲手为她做的，希望她拥有双手。在志华的努力之下，大学破格录取了她。当志华得知自己考上大学时，她在草原上对着蓝天大喊："妈妈，我考上大学了！"

志华虽然失去了双臂，但是她身残志坚。在生活的困境面前，虽然她也曾经想过放弃，但是最终还是选择了坚强地面对。她对生活满怀希望，高中毕业之际报考了医学院，以期望能够治疗好妈妈的病。但是，命运还是和她开了一个玩笑，医学院因为她的身体原因拒绝录取她。妈妈因此再次遭受打击。但是，此刻的志华却变得非常坚强，坦然地面对生活的挫折和坎坷。最终，也许是志华的坚强感动了命运之神，志华被医学院破格录取了。在知道这个好消息之后，志华和爸爸一起把这个好消息告诉妈妈。这个坚强的女孩终于战胜了命运的坎坷！

有胆有识方能从容做事

在生活中，人们总是被一些条条框框限定着，还有些所谓的权威人物在一旁指手画脚。倘若一个人意志薄弱，缺乏主见，那么，很容易就会失去自我，不知道该如何是好。从成功人士的身上，我们不难发现一个共同点，即都有主见，做事有胆有识，从来不人云亦云。不管是大风大浪，还是坎坷挫折，他们总是能够从容淡定地面对，并且化险为夷。这正是成功人士的秘诀所在。

在现实生活中，人们总是被很多繁杂的事情包围着，并且很多事情需要独自面对。毋庸置疑，做人就是做事，做事是人生的主题曲。那么，要想拥有成功的人生，就要尽量做好所有的事情。假如能够掌握做事的诀窍，就能坦然面对并解决很多棘手的事情，获得成功。要想衡量和评价一个人的综合能力，就要去观察他做事的能力。不管是什么样的荣誉，都必须在做事中赢得，即使是再强的能力，也只能在做事的过程中展现出来。在竞争竞争日趋激烈的当今社会，必须要拥有从容做事的能力。

张铭是一家证券公司的业务员。刚刚进入证券业的时候，张铭默默无闻，业绩平平。为此，他非常着急，想找出一个好办法来提升自己的业绩。不过，证券行业的竞争的确太激烈了，普通人很难从中脱颖而出。

有一段时间，张铭每天都行色匆匆，频繁地出入于高档会所、高尔夫球场等地方。面对张铭的举动，大家都疑惑不解，想破了脑袋也不知道张铭的葫芦里卖的是什么药。但是，过了一段时间之后，张铭的业务量突然节节攀升，一下子跃居为第一名。出人意料的是，张铭并没有像前段时间那样整日见不着人地忙活，而是悠闲自在地坐在公司里等着客户上门。让同事们更为吃惊的是，客户果然接二连三地找上门来，并且都非常认可

张铭的服务。张铭所在部门的经理百思不得其解,虽然他在证券行业已经干了十几年,但是却从来没有见过一个刚刚入行的新手能够这般奇迹。因此,他暗中观察张铭的一举一动,想从中发现张铭是怎么吸引客户的。

尽管经理煞费苦心地观察了好几天,但是却并没有发现什么异常。和大多数人一样,张铭接待客户之后就把客户带到自己的办公桌旁洽谈,并且所谈的内容也并没有什么新奇之处。一个偶然的机会,经理突然间发现了张铭的秘密。原来,在张铭的办公桌上,摆放着很多家庭的生活照,但是,在这些生活照中却大有玄机。只要细心观察就会发现,那些生活照中掺杂着一些张铭和知名人士的合影,诸如影星莉莉、房地产大亨朱晓、投资理财专家李强等。看到这些照片,经理恍然大悟。

原来,张铭在思考如何提高业绩的过程中,突然想到了一个好主意,即出入那些富豪和知名人士经常出入的场所,然后,找个机会与他们合影留念。虽然这些照片看上去很不起眼,但是却会在客户心里产生巨大的影响,他们最直接的想法往往是:这个影星也是他的忠实客户,否则怎么会和他合影呢?如此一来,客户对张铭的信任度自然高了很多。因此,张铭的业务量也就如芝麻开花,节节高了。

张铭之所以能够在短时间内取得成功,一方面是因为他有开阔的思维,能够想到其他人没有想到的主意;另外一个方面是,他还很有实干精神,非常有主见,只要想到了,就去脚踏实地地做。和张铭比起来,生活中许多人虽然也有很多好主意,但是却总是想想就搁浅了,从来不付诸于实施。或者,一旦别人提出不同的意见,他们就会怀疑自己,从而放弃自己的想法。因此,他们永远也没有机会把自己的想法付诸于实践,也永远没有机会获得成功。

从古到今,但凡成就大事者,都具有超常的胆识。那么,胆识与成功之间是怎样的关系呢?对于一个想成就一番事业的人而言,胆识是必不可少的，并且是起决定性作用的因素。通常情况下，有胆识的人思维敏捷，更容易抓住转瞬即逝的机会。他们不仅思路开放，敢于创新，而且是个实干家，因而总是能够为自己争取更多的机会。众多周知，机会越多，就越容易获得成功。当然，虽然有胆识是成功的必要条件，但是却并非是成功的充要条件。即使是一个有胆识的人，也难免会经历失败。和那些一遇到挫折就萎靡不振的人不同的是，有胆识的人不怕面对失败。他们就像野火烧不尽，春风吹又生的野草，生生不息。因此，面对成功的时候，他们淡然，面对失败的时候，他们坦然。不管什么时候看到他们，他们展现给人们的都是镇定自若的笑容和成竹在胸的气势。

其实，人生就像是一场战争，每个人都在战场上。大家都知道，在战场上，只有“勇敢”的军队才能夺取胜利。同样的道理，在人生之中，只有敢作敢为、敢想敢干的人才能从容地面对自己的人生，成就属于自己的事业。

遇事镇定，万事化险为夷

人生就像是一趟未知的旅途，没有人知道自己乘坐的列车开往哪里，也没有人知道将会遇到什么事情，人生的神秘正在于此。倘若一个人把自己的一生看得清清楚楚，生活必将变得索然无味。不过，虽然人生的未知给我们带来了很多惊喜，但是也给我们带来了很多难以承受的影响和压力。在生活中，每个人都会遇到一些令自己措手不及的事情，这个时候，千万不要惊慌失措，而要冷静理智。只有这样，才能使自己镇定下来，从容行事，化危机为机遇，化压力为动力。

然而，镇定并不是简简单单的事情，而是需要长期的修炼。只有拥有丰富的经验并且能够灵活运用的人，才能在情急之下表现得从容镇定。

倘若平日里没有积累一定的经验,就很难急中生智,处理好问题。

2011年11月7日,一名叫阿林的游客提起几天前南非约翰内斯堡旅游遇险事件,仍然心有余悸。约翰内斯堡当地时间11月3日18时,杭州一个30人的旅游团遭到持枪抢劫。回想起这件事情,游客们对导游赞不绝口,说:“幸亏导游遇事镇定、反应灵敏,否则,非但我们的贵重物品会被洗劫一空,还有可能会出现伤亡悲剧。”

这次持枪抢劫事件发生在南非约翰内斯堡东部的布鲁玛地区。当时,包括一名导游在内,旅游团总计有30人,他们在约翰内斯堡的钻石大厦买完钻石之后,就驱车前往机场。想不到,中途却遭遇一伙持枪劫匪洗劫。对于游客而言,他们虽然不幸,但是却幸运地遇到了机智冷静的导游。在危急时刻,导游被歹徒打了一巴掌后没有乱了阵脚。她急中生智,在第一时间里用劫匪听不懂的中文提醒游客们赶紧藏好贵重的物品,主动把一些无关紧要的东西交给劫匪,以逃过此劫。正是导游的这个举动,保护了更多游客的安全,使他们免于受到伤害。

明朝时期,张崛崃在滑县担任县令。一天,两个锦衣卫使者打扮的人来拜访张崛崃。两个人趾高气昂地说他们是朝廷派来暗访的命官。因为这两个人颐指气使,派头十足,所以张县令并没有怀疑他们的身份。出乎张县令的意料,这两个人并非朝廷命官,而是江洋大盗。他们俩趁张县令一不留神,控制住张县令,把他胁迫到了室内。

这件事情发生得很突然,张县令还没有回过神来,根本不知道应该怎么处理。这两个大盗一个叫高章,一个叫任敬。只见任敬抚摸着胡须,冷笑着说:“张县令,得罪了!实话告诉你吧,我们并不是什么使者,而是道上的朋友。近来,我们手头紧,所以才想了这个主意。大家都说你公库里装着满满的金子,暂时借我们一点用用吧!”任敬的话音刚落,高章马上掏出一把寒光闪闪的匕首,架在张县令的脖子上。

此时此刻，张县令才明白事情的真相。他想：假如处理不当，只怕自己的脑袋就要搬家了。他深吸一口气，让自己恢复平静，一字一句地说："你们的目的并不是要取我的性命，而是求财。当然，我也不会因为身外之物而不顾身家性命。我马上就命令仆人去给你们取金条，请稍安勿躁。"

张县令的话显然出乎两个盗贼的意外，他们你看看我，我看看你，不知该如何是好。张县令见状，继续说："尽管公库里装着满满的金子，但是看管非常严。万一被人发现，你们可就无法脱身了。我有一个两全之策，即我以自己的名义向有钱的朋友借贷给你们，你们意下如何？"

两个强盗见张县令言辞恳切，所以就采纳了张县令的建议。张县令赶紧召集属下过来，叮嘱属下去联系几个人筹钱。属下发现张县令的纸条上写的都是武士的名字，就知道是怎么回事了。没多久，每个端着托盘的人陆陆续续地走了进来。

两个强盗看到托盘里的钱财，放松了警惕。武士们趁机拿出藏在托盘下的兵器，制服了强盗。

在上述两个事例中，导游的机智勇敢、冷静镇定使游客们躲过了一劫。而张县令，虽然被强盗把明晃晃的刀架在脖子上，但是也没有乱了方寸。在危急之中，他想出了一个既能保护自己，又能抓住强盗的万全之策，这完全是得益于他的镇定和冷静。在生活中，每个人都难免会遇到一些危急的情况，在这种情况下，倘若不能冷静地处理，就会使事态恶化。因此，遇到危险的时候一定要不动声色，才能急中生智，化险为夷。除此之外，还要具备从容镇定、勇敢无畏的心理素质。

不受他人影响，做真实的自己更从容

现代社会，物质的诱惑越来越大，人们的内心经受着很大的考验。不

管是做人，还是做事，如果盲目地跟风，人云亦云，将很难取得成就。就如穿衣的时尚，如今，中国与国际接轨，不管是经济，还是人们的生活，都受到很大的影响。穿衣服的风格，既有哈韩哈日派，也有欧美范儿，还有英伦时尚等等，那么，你最适合哪种风格？在令人目不暇接的百变服装面前，有的人不知道自己到底应该选择哪种风尚，看到别人穿韩版的服装，自己也就赶紧模仿韩国明星穿衣服，看到别人穿欧美大牌，又赶紧来一件仿制的欧美大牌。如此一来，他的风格总是处于变化之中，根本无法体现自己的风格。人们常说文如其人，其实，服装也能够表现出一个人的精神风貌。不过，前提是要穿出自己的风格，不要盲目地跟风。服装，并不是越时尚越好，而是适合自己的最好。倘若你是一个清纯的小女生，那么就不要穿着性感暴露的服装；假如你是一个成熟性感的女人，就不要佯装清纯地穿学院服装；假如你的内心比较保守，就不要穿太过张扬的衣服，那样非但不能完全地展现性感美，还有可能显得不伦不类。总之，穿衣服必须表现自己的精神风貌，符合自己的性格特点。

当人们面对的诱惑比较多时，内心就很难保持平静。要想在社会上为自己争得一席之地，就必须坚守自己的内心，主动地以自己独特的风格融入社会。古人主张“随遇而安”，并不是让人们被动地接受生活的安排，而是让人们坦然地面对生活，保持平常心。要想如此从容地面对人生，就要坚守自己的内心，做最真的自己，不要轻易受到别人的影响。

近来，江苏卫视的征婚交友类节目《非诚勿扰》异常火爆，收视率节节攀升。曾经有一段时间，不管大街小巷，还是白领密集的写字楼，人们都在谈论《非诚勿扰》。究其原因，并不是因为人们过于关注别人的婚恋生活，而主要是因为主持人孟非的幽默机会、妙语如珠，深深地吸引住了人们的眼球。

在大多数人心里，诸如《非诚勿扰》之类的节目理应由性格外向、乐

观开朗的主持人主持，就像湖南卫视的何炅。不过，江苏卫视却反其道而行之，找了略显严肃的孟非来主持《非常勿扰》。事实证明，江苏卫视的这个举措取得了很大的成功，使《非常勿扰》一时之间红遍了祖国的大江南北，甚至还在全世界范围内形成了一定的知名度。因为《非常勿扰》，孟非的名字也变得家喻户晓。

最近，孟非在南京大学参加40岁生日会，同时举行其新书《随遇而安》的发布会。

一直以来，人们都亲切地称呼孟非为“孟爷爷”，其实，孟非正值“四十不惑”的年纪。面对“40岁就写自传似乎有点早”的疑问，孟非说自己完全是被出版商“忽悠”了，目的是为了纠正自己从印刷工到当红主持人的“悲催”励志形象。

回顾自己40年的人生历程，孟非认为“随遇而安”这四个字是对人生最好的概括。他表示自己并非是一个众人瞩目的“红人”，而只是一个平平凡凡的媒体从业人员。回忆人生中很多重要的时刻，孟非说自己其实很被动，很少去主动地争取什么，唯一想着的就是努力做好工作，不要被领导批评就好。

生日会现场，很多孟非的粉丝都到场了，其中不乏很多专程从外地赶来的粉丝们。他们戴着印有“M”字样的棒球帽，因为这是孟非名字的首个字母，并且自称为“飞鸽”。有一个女生表白说自己已经喜欢孟非十年了，非常欣赏孟非的平易近人、实话实说。

讲台上，孟非非常低调和谦虚，不管是介绍新书的时候，还是与粉丝互动的时候，他都毫不张扬。当被问及为什么能从一名新闻主持人转型为娱乐节目主持人的时候，孟非调侃自己“做新闻的时候不够严肃，做娱乐的时候不够娱乐”；在评论《随遇而安》的时候，孟非说它“文字很一般，权作人们茶余饭后的消遣”。他总结说：“我很多年前说过我们的新闻不

妨娱乐一点,现在看我们的娱乐也不妨严肃一点。”

尽管如今主持《非诚勿扰》,但是,孟非坦言自己从来没有离开新闻。在谈到备受人们关注的新闻热点问题时,他还是像以前一样表现出直言不讳的风格。面对在场的大学生粉丝,孟非给出了中肯的建议,他说在考虑服务社会之前,首先必须要养活自己、回馈父母。

那么,孟非为什么能够得到这么多粉丝的喜爱呢?其实,孟非最招人喜爱的一点就是平易近人,不在节目中过分娱乐,而且经常对那些小一些的孩子谆谆教诲,有长辈的关怀和威严。正是因为如此,人们才会称呼他“孟爷爷”。看过《非常勿扰》的人都知道,孟非总是敢于说真话,并且能够冷静理智地面对别人的讽刺,从容镇定地展现最真实的自己。

作为生活在社会群体中的人,难免要面对别人的评价。既然是评价,就会有正面和反面之分。毫无疑问,表扬和赞美是大多数人都乐于接受的,相反,批评和苛求却是人们很难接受的。面对别人的褒贬,我们一定要摆正心态,千万不要人云亦云,或者摇摆不定。要知道,倘若别人说什么,你就说什么,那么,你就很难活出自己的精彩。孟非之所以能够从针砭时弊的新闻类节目成功地转型为娱乐类节目的主持人,形成自己独特的风格,正是因为他能够从容地做自己。

沉住气方能成大器

每个人在生活中都难免要面对各种各样的困难,因为世界上原本就没有一帆风顺的人生。贫穷的人要解决生活的困苦,解决温饱问题;富足的人要面对内心的空虚之感,寻找真正的朋友;没有文凭的人要战胜自己的无知,绞尽脑汁地思考解决问题的办法;知识渊博的人也同样有很多困惑,不知道应该如何应对。总而言之,面对人生百态,我们既要张扬自信、

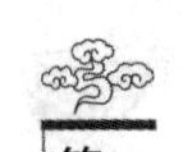

拥有勇气和百折不挠的顽强毅力，也要耐得住寂寞，能够沉下心来，使浮躁的心渐渐归于平静，这样才能有所作为，成就大器。

对于个人而言，当顺风顺水的时候，我们都能够笑颜如花地生活；反之，当人生遭遇坎坷和挫折的时候，才能真正看出来谁是真正的强者。中国人为人处世的时候崇尚中庸的精神，甚至还有人奉行夹着尾巴做人的原则，这与“沉住气，成大器”的处世之道是不谋而和的。“沉住气，成大器”，寥寥数字充分体现了中国人特有的聪明。这是一种生存智慧，倘若能够灵活地运用它，就能够在现代社会争得一席之地，在激烈的社会竞争中立于不败之地。总而言之，只有沉得低，才能跳得远；只有沉住气，才能成大器。

李丽芳是一名高三的学生。自从上高中以来，她的学习成绩一直很好，在班级和年级中名列前茅。高三下学期的时候，李丽芳因为患上了乙肝，所以不得不休学两个月。这样一来，她的学习成绩直线下降了，在期末考试中，她的排名由年级前 10 名倒退到了第 100 名。经历了这次考试，李丽芳的自信心受到了很大的打击。有一段时间，她甚至失去了信心，想放弃高考。

不过，在爸爸的鼓励下，她重新燃起了信心，想在最后的两个月中奋力拼搏一番。距离高考只有 62 天了，李丽芳每天早晨起床都坚持晨练，然后再朗读半个小时的英语。每天晚上，她都十点钟按时休息，以养精蓄锐。白天的时间，她一分钟都不浪费，甚至在上学放学的路上都在熟记英语单词。就这样，一个月过去了，在模拟考试中，李丽芳的名次提高了 60 多名，变成了年级 38 名。这一个月的巨大进步使李丽芳受到了极大的鼓舞，她继续按照现在的学习进度学习，坚持体育锻炼，坚持不懈地努力复习。此时的李丽芳，已经完全放下了心中的负累，全心全意地投入复习。在爸爸的建议之下，她决定全力以赴地参加高考，如果考好了，当然是皆

大欢喜;如果考不好,就再复读一年。

出乎大家的意料,经历了两个月的复习,李丽芳充满自信地走进考场,超常发挥,在高考中取得了前所未有的好成绩。她的第一志愿填报的是北大,第二志愿填报的是人民大学。结果,她的分数远远超出北大的录取分数线,顺利地进入了心仪已久的燕园。

倘若是其他的学生在高三下学期的冲刺阶段休了两个月的病假,那么很可能会失去参加高考的信心。然而,李丽芳在爸爸的鼓励下,正确地做出了选择,决定全力以赴地复习,参加高考,做好了进退自如的准备。正是因为她沉着冷静地面对自己休学两个月的事实,采取正确的方法对待高考,所以她才能在高考中超长发挥,如愿以偿地进入自己的理想中的大学。其实,李丽芳之所以能够在高考中取得好成绩,主要是因为她能够沉得住气,冷静地面对迫在眉睫的高考。反之,如果一个人在困难面前慌了手脚,唯一的结局就是被困难打败,而丝毫没有战胜困难的可能性。

古今中外,成大事者都会经历了一番磨难,没有一个人是一帆风顺就获得成功的。在《报任安书》中,司马迁列举了很多实例:"文王拘而演周易,仲尼厄而作春秋,屈原放逐乃赋离骚,左丘失明厥有国语,孙子膑脚兵法修列,不韦迁蜀世传吕览。"对于司马迁本人来说,他也是在遭遇迫害之后发愤著书,最终因完成《史记》巨著而彪炳史册。宋代大文豪苏东坡曾经说过,"古之成大事者,不唯有超世之才,亦必有坚韧不拔之志。"其实,苏东坡所说的坚韧不拔之志,意思就是让人们在困难面前沉住气,勇敢地面对。沉住气并不是人们平时所说的消极对待,而是冷静理智。只有沉得住气,才能处事不惊,保持积极进取的心态。不管是在职场中,还是在生活中,要想成功,就必须沉得住气。要知道,沉住气方能成大器。

第3章

从容是运筹帷幄的谋略——循序渐进稳操胜券

○○○○○○

人们常说，一年之计在于春，一日之计在于晨。春天是一年的开始，早晨是一天的开始，计划是非常重要的。凡事都不可一蹴而就，不管做什么事情，都要有计划。只有秩序井然，运筹帷幄，才能使自己的人生变得更加从容。

做事有序才能从容不迫

在生活中,总是有很多琐碎的事情需要我们去处理。人们经常发现,有些人总是悠然自得,不急不躁,而且总是能够把各种琐事处理得很好。反之,有些人的生活则每天都像急行军,火急火燎,但是他们却总是把所有的事情都搞得一团糟,使自己的生活变得更加忙乱,毫无头绪。

细心观察不难发现,那些生活从容的人做事情都很有序。他们从来不会使所有的事情如同一团乱麻,在他们秩序井然的大脑之中,所有的事情就像图书馆中排列整齐的书一样,虽然很多,但是却分类清晰。通过大脑中的检索目录,他们总是能够准确地找到并且处理好需要马上解决的问题。而那些生活乱糟糟的人呢?他们做事基本上都没有次序可言,也许这一分钟还在处理工作,下一分钟想去逛商场了,回家到半途之中却又想起来还有工作必须今天处理完。最终的结果是,工作没有处理好,商场也没逛好,回家的时候还因为加班而无限推迟了。总而言之,要想从容不怕地生活,除了要有从容的心态之外,更要养成做事有序的好习惯。

要想保持做事有序的好习惯,首先要能够分清楚事情的轻重缓急,合理地安排事情的次序。不管在什么场合,我们都要保持从容的心态。要知道,良好的心态有利于我们把所有的事情理出一个次序来,使你能够灵活自如地应对所有的事情。相反,假如你感到心慌意乱,你的大脑就会失去正常的思考能力,导致你丢三落四。那么,怎样才能保持良好的心态,使自己做事有序呢?在做事情的时候,可以先有意地放慢自己的节奏,使自己恢复镇定。这样一来,你的大脑就可以进行正常的思考。许多新人因为缺乏工作经验,在进入单位的时候总是心慌意乱,生怕自己的工作无法得到领导和同事的认可。要想克服这种心理,首先要做的是主动和其

他同事微笑着打招呼。其次，要处理好工作上的事情。在任何情况下，事情都要有轻重缓急之分，首先要处理紧急的事情，其次要处理重要的事情，最后再处理普通的事情，这样一来，也就不容易手忙脚乱了。

朱莉的两个朋友决定带他们的孩子去欧洲的迪斯尼乐园玩。在临行之前，他们把计划告诉了朱莉。游玩计划大致是这样的：周五晚上乘飞机飞往巴黎，深夜到达，入住酒店。周六早晨，吃完早饭以后，从酒店去迪斯尼乐园，在那儿度过一整天的时间，主要任务就是吃好玩好，玩遍所有的项目，然后回到酒店好好休息。等安顿好孩子睡觉之后，大人们可以出去美餐一顿，放松心情。

朱莉听到朋友们的旅游计划，第一反应就是日程安排过于紧张，肯定会非常忙乱。在单位里，朱莉的职位是项目经理，主要工作就是安排项目的各项事宜，并且统筹安排各个项目的时间。在朱莉看来，朋友们周六的计划也许得等到周日才能完成。因为朋友们把周六的日常安排得太满了，毫无节奏感可言，给人造成压迫感。当朋友们把这个行程落实之后，朱莉的担心得到了验证。朋友们周六晚上因为飞机晚点，直至凌晨才到酒店，安顿好睡觉的时候已经是黎明时分了。因为劳累，他们没有按时起床，直到中午时分才到达迪斯尼乐园。可想而知，他们在半天的时间里很难在迪士尼乐园中吃好玩好。甚至直到周日的下午，他们才匆匆忙忙地完成了游玩的计划，手忙脚乱地踏上了回家的路。这次的旅游行程，最终以不合理安排而在忙乱中告终

对于大多数人而言，他们之所以不知道应该怎样从容不迫地生活，主要就是因为他们不知道怎样有序地做事。有序地做事是一个良好的习惯，在短期内很难养成，必须经过长期的积累才能养成。要想有序地做事，要想把事情排列出正确地顺序，首先要能够分清楚事情的轻重缓急。有的事情必须第一时间去做，有的事情必须在合适的时间慎重地去做，有

些事情无关紧要,可以等到有空闲的时候再去做。只有知道哪些事情需要优先去做,哪些事情需要重点去做,哪些事情无足轻重,才能排列出正确地解决顺序,再一一去做。其实,生活一直处于变化之中,因此,优先与延缓的问题也是随时地发生变化。当外界环境发生变化的时候,原本重要的事情也许会变得不重要,原本紧急的事情也许会变得不那么紧急。我们应该根据实际情况的变化,重新考虑事情的先后次序。只有养成做事有序的好习惯,才能从容不迫地去工作和生活。

拿捏好分寸方能把握更从容

世间万事万物,都有一个度。就像《登徒子好色赋》中所说:"天下之佳人莫若楚国,楚国之丽者莫若臣里,臣里之美者莫若臣东家之子。东家之子,增之一分则太长,减之一分则太短;著粉则太白,施朱则太赤;眉如翠羽,肌如白雪;腰如束素,齿如含贝;嫣然一笑,惑阳城,迷下蔡。"从这段描述不难看出,东家之子的美恰到好处,绝妙天成。其实,不仅美是如此,做事也是如此。在社会中生活,每个人都难免要与别人打交道,处理生活中各种各样的问题。细心观察不难发现,有的人为人处世非常圆滑,在社交中总是如鱼得水,把纷繁复杂的人际关系处理得恰到好处。然而,有的人却很难与别人友好相处,总是像拧错了地方的螺丝钉一样,尴尬难堪。这样一来,势必影响他的人际关系和社交网络,甚至还会影响生活和事业。那么,怎样才能更加从容地应对生活呢?首先要做的就是把握好分寸。

所谓分寸,指的是说话或做事的适当标准或限度。当然,在生活中,凡事并没有一个明确的尺度。法律虽然规范了哪些事情是人们不能触碰的,道德也在约束人们的言行举止,但是,却没有任何规定能够告诉人们

做事的分寸。那么，怎样才能把握做事的分寸呢？分寸是非常微妙的标准，只存在于人们的心中。对于不同的人来说，即使是同一件事情，也有不同的分寸。例如，对于一个谨言慎行的人来说，他从来不会口出脏话。但是，对于一个不注意自己的言行的来说，说脏话似乎是家常便饭。倘若这两个人遇到一起，喜欢说脏话的人会在无意之间把言行谨慎的人气得七窍生烟，而他自己却不知道是怎么回事情。这就要求我们在为人处世的时候要把握好分寸，不要在无意之间触碰别人的底线。只有这样，才能更好地处理好一些事情和人际关系，从而更加从容地做人做事。

南朝陈后主叔宝之妹、太子舍人陈德言之妻乐昌公主在《饯别自解》一诗中写道："今日何迁次，新官对旧官。笑啼都不敢，方信做人难。"《本事诗》详细地记载了这首诗的创作背景。陈灭亡后，乐昌公主在战乱中与丈夫徐德言失散了，后被隋朝大臣杨素所得。在得知乐昌公主的下落后，徐德言就来到长安与乐昌公主相会。为了表示庆贺，杨素大办宴席。在当时的情景之下，乐昌公主触景生情写了这首《饯别自解》。

对于乐昌公主而言，虽然与失散的丈夫重逢是一件令人高兴的事情，但是，她却不能无所顾忌地表达自己的情绪。要知道，杨素的权势很大，倘若乐昌公主喜形于色，杨素必然会觉得很不高兴，而乐昌公主根本不敢得罪杨素。如果笑，旧官（徐德言）不乐意；如果哭，新官（杨素）不高兴。因此，乐昌公主只好压抑自己的感情，把感情的天平放平，不偏不倚。在这首诗中，她把自己比喻成一个小吏，对新官和旧官一视同仁。乐昌公主做出了如此恰到好处的处理，那分寸拿捏得万无一失，自然新官和旧官都感到满意。最终，杨素也没有感到不痛快，徐德言也没有觉得受到冷落。处理事情把握好分寸，乐昌公主无疑是一个很好的榜样。

人生在世，没有一个人是可以完全独立的。每个人，不管身份和地位如何，都难免要处理各种各样的事情，与形形色色的人打交道。看看熙熙

攘攘的人群,有的人生活得如鱼得水,有的人生活得焦头烂额,究其原因,就是要掌握好做事做人的分寸。具体来说,要想把握好做人做事的分寸,需要从以下三个方面着手。

首先,要把握好说话的分寸。与人交往,必须借助于语言,说话可是门不容小视的大学问。很多时候,能说话不等于会说话,会说话不等于懂分寸。常言道,会说说得人笑,不会说说得人跳,要想妙语如珠,就必须在恰当的时机对恰当的人说出恰当的话。换言之,就是要把握说话的分寸。

其次,要把握好办事的分寸。不管是生活还是工作,每个人都需要办事。或者是公事,或者是私事,只有把事办好,才能从容不迫。办事的时候,同样要把握好分寸,既不要唯唯诺诺,也不要肆无忌惮。只有分清事情的轻重缓急,把握好办事火候,才能处理好事情。

最后,还要把握好与人交往的分寸。人是群居动物,每个人都需要与别人交往。在交往的时候,人心是非常微妙的,一旦处理不好,就会给对方和自己的心里留下阴影。与人交往的时候,不仅要把握好远近亲疏的分寸,还要把握好争强好胜与谦虚礼让的分寸。需要注意的是,现代社会,人们越来越重视自己的隐私空间,因此,与人交往的时候要把握好距离,因为只有保持适度地距离,才能产生一定的美感。

成功学家认为,要想获得好人缘,首先要掌握为人处事的分寸。俗话说:“世事洞明皆学问,人情练达即文章。”倘若要把纷繁复杂的世间事简化概括一下,无外乎“分寸”二字。只有把握好办事的分寸,才能使自己的生活变得更加从容,才能使自己更加顺利地获得成功。

分清轻重缓急,轻松打理事务

在生活中,每个人都需要面对和处理很多事情,有些人从容不迫,生

活得悠闲自在，有些人每天忙得焦头烂额，还是把生活搞得就像一团乱麻。为什么会有如此大的区别呢？其实，关键就在于是否能够分清事情的轻重缓急。

要想轻松地打理事务，惬意地生活，首先要能够分清楚事情的轻重缓急。只有分清楚事情的轻重缓急，才能合理地安排时间，把各项事情处理好。人是感情动物，很多时候，因为感情因素的影响，人们明明知道应该先处理哪些事情，但是却不分青红皂白地做出了冲动的举措。在这种情况下，一定要保持理智的心态，客观地看待事情，寻求相对公正合理的处理问题的方法。一旦颠倒了事情的主次顺序，非但不能处理好事情，还有可能弄巧成拙。人们常说，旁观者清，当局者迷，其实说的就是这个道理。很多时候，作为当局者，我们不妨请教旁观者，向他们询问具有可行性的比较中肯的建议或者意见，这样才能更好地处理好事情。此外，我们还可以采取未雨绸缪的方式处理事情，提前考虑好一些可能出现的情况以及应对的计策，这样一来，也能够使自己更加从容地处理生活和工作中的各种各样的琐事。

在日常生活中，很多人都夸夸其谈，口若悬河，但是，一旦遇到紧急情况就手足无措，不知道如何是好。在这种情况下，当务之急就是锻炼自己的应变能力。尤其是在职场上，对于公司来说，员工能否合理地安排工作时间，处理好各种繁琐的事务，显得尤为重要。人们常说，一日之计在于晨，通常情况下，上午是精力最旺盛的时候，适合处理一些重要的工作。而下午，因为经历了一上午的工作，人们显得比较疲劳，注意力不容易集中，适合处理一些日常工作。当然，不管是上午正在处理重要的工作，还是下午正在处理日常的工作，一旦遇到紧急的情况，就要马上处理紧急的工作。分清事情的轻重缓急，合理地安排时间，可以节约时间，提高效率。

在一次时间管理的课堂上，教授先在桌子上放了水罐子，然后，他又

从带来的木箱中拿出一些中等大小的能够放进罐子里的鹅卵石。

教授不停地往罐子里放入鹅卵石，直到再也放不下了。这时，教授问学生们："罐子现在是满的吗？"

学生们不约而同地回答说："满了！"

教授笑着问学生们："真的已经满了吗？"

说着，教授就像变魔术一样又从箱子里拿了一袋碎石子出来，他把碎石子从罐口倒进去，而后摇一摇，使石子之间的缝隙减小一些，然后再继续加进一些。看着满怀疑问的学生，他又问："你们说，这罐子如今是满的吗？"

这次，学生们吸取了之前的经验和教训，不敢回答得太快，大家都谨慎地思索着，迟迟不敢回答。

过了足足有一分钟，班上有位学生才犹豫地轻声回答："也许还没有满。"

听到这个答案，教授显然非常满意地说："非常好！"

教授又拿出一袋沙子，在同学们瞠目结舌的目光中，缓缓地倒进罐子里。倒完后，教授又问学生们："如今，你们总该知道这个罐子是满的还是没满了吧！"

有了前两次的经验和教训，这次，全班同学都毫不迟疑地说："没有满。"

"好极了！"这显然是教授想要得到的答案，不由地连声称赞这些学生："孺子可教也！"

教授继续从箱子里拿出一大瓶水，把水倒进看似已经被鹅卵石、小碎石、沙子填满了的水罐子中。

当沙子把罐子填的一点儿缝隙都没有之后，教授郑重其事地问学生们："从这个案例中，我们能够得到一个什么结论呢？"

学生们沉默了，看得出来他们都在认真地思索着。不一会儿，一位自以为聪明的学生回答说："不管我们的工作多么忙碌，行程安排得多么满，只要挤一挤，时间就会像海绵里的水一样，还是能够抽出时间来做更多的事情的。"

回答完之后，这位学生暗自得意："这堂课不就是讲时间管理的嘛，结论显而易见啊！"

听到这个学生的回答，教授微微地点了点头，笑着说："这个答案虽然听上去无可指责，但却并不是我真正想告诉你们的道理。"

这时，教授故意停顿了一下，神情严肃地告诉同学们："我想告诉各位同学的是，假如你不先把大的鹅卵石放进罐子中，而是先把小的碎石子和沙子放进罐子中，那么，你就永远也没有机会把它们再放进去了。"

说到这里，学生们才恍然大悟。原来，教授是在教他们做事情要分清轻重缓急，合理地安排做事情的顺序。

在生活中，倘若一个人做事情总是手忙脚乱、焦头烂额，就要自我反省，找出原因。大凡生活和工作显得比较混乱的人，都是因为没有分清楚事情的轻重缓急，没有合理地安排好事情。当代管理学之父彼得·德鲁克说："不管是谁，要想轻松地打理事务，就必须分清事情的轻重缓急。最糟糕的是什么事都做，但却什么事都只做一点，这样必将导致庸庸碌碌，一事无成。"

生活中总是充斥着各种各样的事情，要想使自己的生活秩序井然，就必须按照事情的重要性和紧急性进行合理的安排。最好的方法是，首先要处理迫在眉睫的紧急情况，然后再集中大段的时间做重要的事情，最后再用零散的时间处理无足轻重的繁杂小事。只要能够按照事情的轻重缓急安排好时间来处理，提高效率，生活和工作就会变得秩序井然，轻松自在。

运筹帷幄，不被眼前事所累

在生活中，我们发现有些人总是气定神闲，悠然自在，而有些人却每日忙忙碌碌，为一些不值一提的小事烦恼、忧愁。其实，即使一个人的生活一帆风顺，也会受到一些琐碎烦恼的搅扰。如果不能让自己从这些微不足道的烦恼和小事中抽身而出，就会深陷其中，难以自拔。而那些悠然面对生活的人是怎么做的呢？他们目光放得更为长远，把握好人生的大方向，从来不被小事所困扰。

现代社会，人们对物质的要求越来越高，欲望也越来越强。在利益的驱使之下，人们每天忙忙碌碌，为了生活整日奔波。不可否认，追求利益是人的天性，但是，利益有大有小，有长有远。每个人都想追逐大的利益，长远的利益，但是却又常常被眼前的利益蒙蔽了眼睛，为了眼前的一点儿蝇头小利而花费大量的时间和精力，甚至为此失去了长远的大利益。由此可见，很多时候，眼前的利益不一定就是最大、最好的。而所谓运筹帷幄，指的是在军帐内对战略做全面计划，通常指将帅在后方决定作战方案，也泛指主持大计，考虑决策。总而言之，运筹帷幄是对大局的整体把握。其实，为了获得长远的利益、更大的利益，我们有时不得不放弃一些眼前的利益，甚至是到手的利益。人们常说，“舍不得孩子套不着狼”，意思就是要懂得付出，懂得舍弃，这样才能有所收获。

那么，怎样才能运筹帷幄，不被眼前事所累呢？首先，要树立远大的目标和志向，眼睛不要只盯着寸土之地。世界是很广阔的，事情的发展也具有无限的空间，只有拥有远大的目标和志向，才能获得更大的收获。其次，要积累丰富的经验，对事情的预期发展做出准确的判断。世界处于不同的变化之中，事情的发展也往往出人意料，令人难以预测。只有积累自

己的经验，使自己的阅历更加丰富，才能对事情的发展做出准确的判断和预期，才能真正做到运筹帷幄。

【案例一】

张华今年刚刚大学毕业，面对就业的窘境，他非常迷惘。他的爸爸有一位叫朱振强的朋友自己开了公司，事业有成，取得了很大的成就。张华非常羡慕朱振强所取得的成就，因此便跑到朱振强那里取经，向他询问成功的诀窍。

得知张华的来意之后，朱振强一言不发，到厨房取来了一个西瓜，切给张华吃。不过，让张华纳闷的是，这样一个叱咤风云的成功人士，居然不会切西瓜。只见，朱正强把西瓜分成四份之后，取出其中的一份，切成了大小不均匀的三块。张华迷惑不解地看着，不知道朱振强到底是何用意。

看到张华纳闷的眼神，朱振强笑着说："现在咱们来做一个选择。倘若这三块西瓜所代表的是一定程度的利益，你将做出怎样的选择呢？"朱振强一边说，一边把西瓜放在托盘上端到张华面前供他选择。

张华毫不迟疑地说："既然每块西瓜都代表一定程度的利益，那么，我当然要选择最大的那块！"一边说，张华的眼睛盯着最大的那块西瓜。

朱振强还是一语不发地笑了笑，把那块最大的西瓜递给了张华。

张华拿到西瓜以后就开始吃了起来，朱振强则拿起最小的那块西瓜吃了起来。因为西瓜太大，张华刚刚吃到二分之一，朱振强就已经把那块最小的西瓜吃完了。朱振强吃完那块最小的西瓜之后，拿起来三块西瓜之中所剩的最后一块，悠然自得地吃了起来。他一边吃，一边高深莫测地冲着小伙子笑了笑。直到吃完西瓜张华才知道，朱振强吃的那两块西瓜加起来比他所吃的那块最大的西瓜大得多。

【案例二】

春秋时期，吴国有个叫季礼的贤士。有一次，季礼去徐国出使，顺便到去看望老朋友徐君。看见季礼所佩戴的剑非常精美，徐君特别喜爱，但是又不好意思夺人所爱。季礼深知徐君的心意，不过，他还需要用到这把剑，因此，季礼就没有说明。出使刚刚回来，季礼就去把剑送给徐君，但是，他却发现徐君在他出使的这段时间里已经去世了。季礼来到徐君的墓前，悲伤地把剑放在了那里，然后黯然离去。季礼的随从纳闷不接，便问："既然徐君已经去世了，你为什么还要把剑放到墓前呢？"季礼说："徐君生前非常喜爱此剑，我深知他的心意，但是因为出使的事情，所以没有赠送给他。但是我的心里是很想把剑送给他的。如今，尽管徐君已经去世了，但是他的心里一定还是非常喜欢这把剑的，所以我决定把剑送给他。"这件事传出去以后，人们议论纷纷，全都称赞季礼是个重情重义的人。自此以后，很多人都不远千里地跑来和季礼交朋友。

在第一个案例中，张华立刻就明白了成功人士的意思：朱振强吃的那两块西瓜看起来都没有自己的大，但是，加起来的总量却比自己的多得多。也就是说，自己赢得的利益没有朱振强多。和朱振强比起来，张华显然犯了短视的毛病。当听说每块西瓜都代表一定程度的利益之后，他就紧紧地盯着那块最大的西瓜，全然没有计算吃西瓜的速度和时间之类的因素。最终的结果是，张华看似占有了最大的那块西瓜，但是因为吃得太慢，所以，才使得朱振强吃完最小的那块西瓜之后，悠然自得地吃起了仅剩的那块西瓜。由此可见，要想获得成功，就要学会放弃。只有学会放弃眼前的利益，才能获得长远的大利。

在第二个案例中，虽然徐君已经死了，季礼根本无需把剑留在季礼的墓前，但是他念及朋友的情分，把剑留在了徐君的墓前。看起来，季礼失去了一把宝剑，实际上，季礼却因为这把剑获得了重情重义的美名，因而

得到了更多贤明的朋友。

在生活中，人们难免要受到各种各样的利益诱惑。实际上，聪明的人往往会放弃眼前的一些小利益，以谋求更大的利益。很多时候，失去是为了得到更多，只有学会适时地放弃，才能获得长远的利益。由此可见，只有先学会放弃，才能获得成功。

善于思考，稳健地走好每一步

在生活中，每个人都有自己的目标。有的人目标定得比较远大，好高骛远，有的人目标定得比较实际，有的人目标就是当一天和尚撞一天钟，没有目标。最为理想的人生状态是制定一个长远的目标，指导自己人生的方向，然后再把这个长远的目标分成若干个可以实现的小目标，一步一步脚踏实地地去实现小目标。这样一来，就能够稳健地走好人生的每一步，步步为营。那么，怎样才能实现这样的人生状态呢？首先要善于思考。在生活中，有些人整日浑浑噩噩，懵懂度日，他们既没有长远目标，也没有短期目标。究其原因，是他们没有对生活进行认真的思索，因而也就没有对生活进行规划。

每个人命运都掌握在自己手中。要想实现人生的目标，我们就必须认真地思考，合理地规划自己的人生。有目标的人生就像是一艘航向明确的船，向着人生的驿站驶去；反之，没有目标的人生则像是一艘没有航向的船，在人生的大海上随波逐流。我们只有勤于思考，明确人生的目标，才能更好地、更加合理地规划自己的人生，使自己的人生更加顺利、美好。

不管是谁，在人生中都难免遇到坎坷和挫折。很多时候，我们无需把目标定得过于远大，过于宏伟。假如好高骛远，就会因为理想遥不可及而

难以坚持。当命运一帆风顺的时候，我们要想一想遭受坎坷时的艰难；当命运无比艰难的时候，我们可以想一想以前成功的喜悦。不管人生的目标多么远大，都是由一个个近期目标组成的。要想实现远大的目标，必要的前提条件就是实现一个个近期目标。只有脚踏实地、按部就班地实现近期的目标，才能最终实现远大的目标。

俞夏和蔡明都是刚刚入校的大学生，面对着全然陌生的校园生活，她们觉得特别新鲜。俞夏的目标非常远大，她想在大学四年的生活中把自己历练成一个全能型人才，不仅学好专业课知识，考上研究生，还要全面发展，学好第二专业。比起俞夏来，蔡明的目标显得非常实际。蔡明的目标是在大学四年的生活中扎扎实实地学好专业知识，在专业领域内有所研究，此外，还要学好英语，达到六级水平。

新学期开始了，蔡明每天都按部就班地上课，每天早晨早起锻炼身体，然后朗读英语，业余时间不是泡在图书馆中，就是在实验室中埋头做试验。而俞夏呢？除了上课之外，在学校里几乎见不到她的身影，她不仅在课外报了一个技能培训班，还报了学习国画、声乐的训练班。俞夏每日都行色匆匆，把自己的每一分钟都充分利用了起来，她想让自己四年之后脱胎换骨，还想让自己成为一个专业知识很强的专业型人才。转眼之间，她们已经上大四了。经过三年的学习，蔡明的专业知识非常强，还在业余时间发表了几篇专业方面的论文。因为她的目标相对专一，精力充足，所以她在大四刚开学就已经考过了英语六级。而俞夏呢？三年连日奔波的生活，耗费了俞夏大量的精力，她的专业课成绩平平，选修的第二专业也没有学好。因为她在课外报的培训班太多，她的国画和声乐都没有取得出类拔萃的成绩。大四下学期，当同学们都开始忙着找工作的时候，俞夏却忙着应付各种选修课程和培训班的结业考试。在一家跨国公司的面试中，虽然俞夏有各种各样的证书，但是蔡明在专业领域内的建树和研究精

神，使这家跨国公司毫不犹豫地选择了蔡明。

不管是谁，生活都需要脚踏实地地往前走。如今，面对严峻的就业形势，很多大学生迫不及待地给自己充电，难免会显得非常盲目，因此导致做了很多无用功。就像俞夏一样，大学四年的生活她过得非常辛苦，但是取得的结果却不尽如人意。相反，虽然蔡明的目标和俞夏比起来显得很苍白，但是却取得了可喜的成绩。比较这两个人的大学生涯不难发现，俞夏虽然忙碌，但是却像一只无头苍蝇一样，盲目地努力和付出。蔡明因为目标比较明确和专一，所以大学生活过得气定神闲，不仅达到了自己预期的目标，而且使自己享受到了充实又惬意的大学生活。对于她而言，这段大学生活是妙不可言的。在生活中，很多东西并不是一蹴而就的，我们必须用心思索，统观全局，才能做出合理的规划和安排。

著名作家柳青曾经说过："人生的道路虽然漫长，但最重要的常常只在于那最关键的几步，尤其是当人年轻的时候。"由此可见，我们一定要深思熟虑，慎重地、稳健地走好人生的每一步。

留出进退之路，让心自如伸展

生活中，做人做事除了要讲究分寸之外，还要留有余地。所谓留有余地，就是要给自己和别人留出退路，这样才有回旋的余地，才能让心伸展自如。常言道，"利不可赚尽，福不可享尽，势不可用尽。"说的也是这个道理。人是社会动物，免不了要与人打交道，既然是与人打交道，就难免会产生纷争。当与他人发生争执时，如果能够以理解和包容的心态处理事情，就能够退一步海阔天空。反之，如果凡事斤斤计较，寸土必争，就会使人际关系恶化，很难得到别人的信任和尊敬。所谓留有进退之路，具体来说，就是不要把事情做绝，于理不过头，于情不偏激，这样才能使人际关

系更加融洽，从而在生活和工作中如鱼得水，游刃有余。

尤其是在职场上，同事之间往往存在着激烈的竞争关系。倘若处处与人为敌，就会使自己寸步难行，很难展开工作。倘若处处与人为善，与同事、领导和谐相处，就能够在工作中得到很多便利，有利于工作的开展。人们常说，“处世须留余地，责善切戒尽言”，意思就是说要给别人留有余地。实际上，给别人留有余地，也就是给自己留有余地。著名的哲学家、教育家苏格拉底也曾经说过：“一颗完全理智的心就像一把锋利的刀子，会割伤使用它的人。”在世界上，凡事都像一枚硬币一样具有两面性，都是相对的。做人做事也是同样的道理。

邵康节是宋朝大哲学家，精通《易经》。他与著名理学家程颢、程颐是表兄弟，并且和苏东坡也有往来。不过，二程和苏东坡关系一向不和。

有一次，邵康节病得很重，程颢、程颐二弟兄在病榻前精心地照顾他。这时，下人通报苏东坡前来探病，程氏二兄吩咐下人不让苏东坡进来。

此时，邵康节已经病入膏肓，不能说话了，便举起一双手，艰难地比划成一个缺口的样子。见状，程氏二兄弟疑惑不解。

过了一会儿，邵康节缓过气来，说：“做人做事不要太绝，要把眼前的路留宽一点，好让后来的人走走。”说完，他就与世长辞了。

宋代的吕蒙正心胸开阔，宰相肚里能撑船，颇有大将风度。在官场上，群臣之间难免有意见不一的时候。每当这个时候，吕蒙正从来不据理力争，而是以委婉生动的比喻来晓之以理，动之以情。渐渐地，皇帝越来越信任他。

吕蒙正第一次进入朝廷的时候，一个官员不屑一顾地指着他说：“这个人也能当参政吗？”

听到这位官员的话，吕蒙正佯装没有听见，一笑置之。

吕蒙正的同伴听到这位官员的话愤愤不平，坚持要质问那个官员到

底是什么意思。吕蒙正立刻制止他们说:“如果知道了他的名字,恐怕就一辈子再也忘不了了。如果这样,还不如不知道的好。”

当时在朝的官员见此情景,无一不佩服他的宽宏大量。后来,那个官员从其他人的口中知道了这件事情,亲自去他家里致歉。从此以后,他们成了莫逆之交。

在第一个事例中,邵康节的话是非常有道理的。生活中,不管是谁,都难以摆脱俗世的烦扰。在社会上,什么样的人都有可能碰到、遇到,既有戚戚小人,也有坦荡君子。在和形形色色的人们交往的时候,假如没有一颗包容的心,就很难与他人和睦相处。遇到君子还好说,倘若遇到斤斤计较的小人,就会留下无穷的隐患。因此,不管是对待君子,还是对待小人,都要理解包容,与人为善。

在第二个事例中,吕蒙正之所以能够得到皇帝的信任,得到群臣的认可,就是因为拥有开阔的心胸。他为人宽厚,待人大度,与人为善,所以才能在众人之中树立好口碑。从吕蒙正的身上,我们可以得到这样一种启示:为人处世,留有余地,是一种君子风度,能够充分显示一个人博大的胸襟和深厚的修养。

总而言之,不管是做人,还是做事,都要留有余地,这样才能进退自如,从容应对。要记住,给别人留有余地,就是给自己留有退路。很多时候,当你把别人逼到死角的时候,其实也就是把自己逼到了死角。古人云,与人为善,就是与己为善。

善于计划,做事才从容

《礼记·中庸》中说:“凡事豫则立,不豫则废。言前定则不跲,事前定则不困,行前定则不疚,道前定则不穷。”在这句话中,豫,亦作“预”。

这句话的意思是让人们在事先做好计划，这样才能更加从容地做事。英国作家狄更斯说：“永远不要把你今天可以做的事留到明天做，延宕是偷光阴的贼。”的确，很多事情，如果能够事先计划好，并且按照计划进行，那么，就能够节省时间，并且提高做事的效率。反之，假如做事情毫无头绪，总是像无头苍蝇似的四处乱撞，效率就会很低，即使每天都忙忙碌碌，仍然会毫无收获。

约翰在一个小镇上开了一家餐馆，已经经营了十几年了。不过，由于金融危机的影响，他的餐馆面临破产的危险。作为商人，约翰非常郁闷。当一位食品供货商跑来向他要债的时候，郁郁寡欢的约翰正在思考自己失败的原因。

约翰问债主：“我怎么也想不明白自己为什么会失败。难道我对顾客不热情、服务不周到吗？”

债主安慰他说：“其实，事情也许没有你想像得那么糟糕。你看，你不是还有很多资产吗？你完全可以东山再起！”

听到债主这种无关痛痒的安慰，约翰更加失落了，他愤愤地说：“什么？东山再起？哪有那么容易呢？”

债主认真考虑了片刻，郑重其事地说：“本着负责任的态度，我真的认为你可以东山再起。你看，你有很多现成的资源可以利用。我觉得，你应该把你眼下经营的情况详细地列成一张资产表，然后再认真地清算一下你的资产情况，这样就可以再从头做起了。”看得出来，债主很真诚，他是在好意劝慰约翰。

约翰疑惑不解地问道：“你的意思是让我把所有的资产和负债项目详细核算一遍，然后列成一张表格吗？

债主坚定地说：“是的，此时此刻，你最需要做的事情就是理清自己的思路，制订一个详细而周密的计划，然后按照计划去执行、实施。”

说到这里，约翰恍然大悟："其实，早在15年前，我就已经想做这些事情了。不过，因为各种各样的原因，我迟迟没有去做。也许，正是因为我没有及时地做这件事情，才导致了我今天的失败。我认为，你说的是对的。"约翰重新燃起了希望，在清算完资产之后，约翰制定了一个详细而周密的计划，并且严格按照计划一步一步、脚踏实地地走向了成功。

显而易见，假如约翰没有采纳债主的建议，仍然自暴自弃，那么，他就永远也无法取得转机。正是在债主的提醒下，约翰才想起来自己早在15年前就已经想清算自己的资产、制定详细的计划并且严格地执行计划了。不过，15年来他一直被琐事缠身，反而忽视了这件至关重要的大事，最终导致了失败。意识到这一点之后，约翰采纳了债主的建议，并且及时地完成了自己早就该做的事情。正是因为有了详细而周密的计划，再加上严格的执行，所以才使约翰最终获得了成功。

其实，对于一个人而言，做事情有计划也是一个良好的习惯，这不仅反映了一个人做事情的态度，也是一个人能否取得成就的决定性因素。对于一个做事毫无头绪、没有条理的人而言，生活就像一团乱麻一样剪不断理还乱。反之，对于一个计划性强、做事井然有序的人而言，生活则显得非常清爽悠闲，只要按部就班地按照计划行事，一切问题就会迎刃而解。尤其是在职场上，做事有计划显得更加重要。众所周知，在大城市，生活节奏非常快，人们每天行色匆匆，工作的任务也非常繁重。如果一个人做事情没有计划，不能按时完成当天的工作，就会使第二天的工作任务变得更加繁重，日积月累，这些工作就会像大山一样沉重地压在人们的心上。而如果一个人习惯于事先计划好一些事情，分清楚事情的轻重缓解，按照实际情况灵活地处理，那么，他工作起来就会显得相对轻松，从容不迫。总而言之，只有善于计划，做事才能从容不迫，人生才能气定神闲。

第4章

从容是通权达变的智慧——洞明时势进退自如

○○○ ○○○

人是社会动物，除了要面对不断变化着的自己之外，还要面对瞬息万变的客观世界。因此，要想拥有从容淡定的人生，除了要从自己本身出发做好充分的准备之外，还要审时度势，准备好各种不同的方案，这样才能进退自如。

准备不同方案，从容应对各种变化

生活充满未知数，有些是受人欢迎的，有些是人们避之不及的。然而，不管你是否愿意接受，生活的馈赠或者是考验都是如约而至的，我们必须坦然面对。现代社会，生活节奏越来越快，整个世界都处于日新月异的变化之中。面对这些纷繁复杂的变化，有准备的人从容不迫、气定神闲；没准备的人焦头烂额，一团乱麻。但是，有些事情是躲也躲不过去的，与其硬着头皮上，不如事先做好准备，打有准备之仗。那么，怎样做准备呢？所谓准备，其实很简单。既然我们不能预知在生活中将遇到怎样的困难，就无从得知自己将会采取怎样的措施、需要怎样的帮助，那么，不如准备一些应对不同情况的方案。在发生具体的紧急情况的时候，就可以根据具体情况作出灵活变动。

艾米是师范院校的一名学生，如今已经上大四了，即将面临毕业。并且，艾米是国家定向委培的大学生，毕业后要回到原籍，当一名教师。不过，经历了四年的大学生活，艾米并不想回到老家那个小小的县城，她想去大城市，像鱼儿想游进大海一样。但是，爸爸妈妈并不是很支持艾米的这个决定，他们觉得老家的生活更加稳定，衣食无忧。而大城市就像是波涛汹涌的大海，随时都充满了未知。就这个问题，艾米和父母讨论了好几次，谁都无法说服谁，最终，他们想出了一个万全之策。这个计划是这样的：从现在开始，艾米开始着手准备考研的事情，假如艾米能够考上研究生，就有了更多的筹码留在大城市。如果艾米没有考上研究生，那么，就要按照父母的意愿，服从国家分配，回到老家当一名老师。倘若艾米还想去大城市，那么，就可以一边工作一边考研，等有了足够的资本之后再去大城市拼搏。对于这个万全之策，大家都觉得非常稳妥，因此得到了全家

人的一致认可。

因为准备的时间过于仓促，艾米以十分之差与研究生的录取通知书失之交臂。不过，艾米并没有气馁，回到老家之后，她在认真做好教师工作的同时，专心复习，准备再次参加研究生考试。遗憾的是，艾米再次落榜了。不过，艾米依然没有气馁，她还有两年的时间，她坚信，只要认真复习，就一定能够考上研究生。幸运的是，艾米参加工作一年多以后，她所在的学校有一个对外交流的机会，要委派一名还没有结婚成家的青年教师去美国工作和学习一年。因为艾米出色的工作表现，再加上英语水平很高，所以学校领导一致同意把这个宝贵的机会留给艾米。艾米心里很清楚，这个机会十分难得，是很多人求之不得的。为了慎重起见，艾米和父母商量了这件事情，父母一向希望艾米的生活能够更加安稳，主张艾米不要放弃这个宝贵的机会。只要从美国学成归来，艾米就将渐渐地由教师走向管理者的岗位。经过再三思索，艾米最终决定不再考研，而去美国学习一年。

事实证明，艾米的选择是对的。艾米从美国学成归来以后，在短短的一年时间内就被提拔为学科带头人，又过了两年，她成了全校最年轻的副校长，主管对外交流和英语的教学。如今的艾米，春风得意，比很多考了研究生的大学同学得到了更大的舞台展示自己。

对于大四学生而言，很多人都不知道自己未来的道路在何方。他们或者盲目地考研，或者匆匆忙忙地找工作，或者浑浑噩噩地当一天和尚撞一天钟。因此，很多学生毕业以后在很长的一段时间内都找不到工作，还有的学生毕业之后不工作专门考研，一年不行两年，两年不行三年。考研难道真的是一个一劳永逸的金饭碗吗？其实不然。随着社会的飞速发展，越来越多的研究生从学校步入社会，倘若学艺不精，即使是研究生，也未必能够找到好工作。

社会上的很多工作并非都必须要求研究生从事，很多工作，本科生就已经足够用了。因此，作为大学生不要盲目地考研。艾米之所以能够在平凡的岗位上获得成功，是因为她能够认真地听取父母的意见，合理地规划自己的人生。正是因为她和父母一起制订的不同方案，才使她在面对各种情况的时候进退自如，从容不迫。

看清形势，不固执己见

《三国志·蜀志·诸葛亮传》裴松之注引晋·习凿齿《襄阳记》："儒生俗士，识时务者，在乎俊杰。此间自有卧龙、凤雏。"这句话的意思是说，能认清时代潮流的人是聪明人。

作为社会的一员，每个人都置身于各种各样纷繁复杂的关系之中。很多时候，一件事情看上去很简单，但其实与其他的人或者事之间有着千丝万缕的联系。倘若处理不好关系，轻则得罪别人，重则惹祸上身。这就要求我们一定要看清楚形势，顺应时事，不要固执己见。虽然我们常常把见风使舵用作贬义词，但是，生活却要求我们要学会采纳别人的意见，广征博览，海纳百川。当然，这里并非要求人们毫无主见，人云亦云，毫无原则地做人做事，而是让人们灵活处事，从谏如流。置身于复杂的社会中，我们必须清楚地认识外界的环境以及自身的能力。只有将一切了然于胸，才能做出正确的决断。一个固执己见的人，很容易招致别人的反感，甚至使别人吝啬于给他提供建议。这样一来，他就会变得越来越闭塞。倘若这样一味地执迷不悟下去，必将导致他距离自己所追求的目标越来越远。

在炎热的夏天里，蝉总是不停地叫着："热啊，热啊。"一天，一头驴驮着沉重的货物行走进树林里，听到蝉的叫声，驴觉得很好听，对蝉说："我真是太羡慕你了，每天都躲在树叶下面唱歌，哪像我这么命苦啊，即使是在这么炎热的天气里，我也要驮着沉重的货物不停地行走。”蝉说：“你可不要羡慕我，除了唱歌之外，我什么也不会，只能依靠喝露水为生。哪像你呢，虽然劳累一些，但是人类却给你准备了香喷喷的食物。”听到了蝉的话，驴还是坚持认为蝉的生活更加舒适惬意，而自己的生活苦不堪言。因此，驴苦苦地哀求蝉：“蝉，你能不能教我唱歌呢？我想，如果我的歌声像你一样美妙，主人也许就不会让我驼这么沉重的货物了。”看到驴真挚诚恳的样子，蝉答应教它，不过，蝉向驴提出了一个要求：“你必须首先学我，每天只以露水充饥。如果你还像以前那样吃那么多粗糙的食物，你的嗓音就不可能像我这么清脆。”驴按照蝉所说的做了，结果，一天过去了，驴的肚子饿得瘪瘪的；两天过去了，驴饿得浑身无力，甚至连路都走不动了；三天过去了，驴饿得只剩下一口气，倒在地上再也站不起来了。

这个寓言中的驴，因为没有分析清楚客观情况，盲目地羡慕蝉，最终导致自己饿倒在地。从另外一个角度来说，即使它没有饿倒，天天都像蝉那样喝露水，也无法唱出清脆的歌声。因为没有认清楚客观存在的情况，驴所做的事情完全是徒劳无益的。

亚瑟是一名推销员，专门为一家设计花样的画室推销草图，他的服务对象是纺织品制造商和服装设计师。为了把草图推销出去，他曾经连续三个月每个礼拜都去拜访纽约一位大名鼎鼎的服装设计师。不过，让亚瑟疑惑不解的是，虽然那名服装设计师每次都热情地接待亚瑟，但是却从来不买亚瑟推销的那些图纸。每次，他都彬彬有礼地和亚瑟交谈，认真地品鉴亚瑟带去的草图。遗憾的是，每当到了紧要关头，设计师总是用一句“亚瑟，我看我们是做不成这笔生意的。”就把亚瑟打发了。在经历了多次的失败之后，亚瑟找到了症结所在。原来，他每次去都用老一套的推销方法，毫无新意，想必设计师早就听烦了。因此，亚瑟决定每个星期都抽

出一个晚上去看励志方面的书籍，学习为人处世的哲学，以便更好地与人相处。

知识的力量是无穷的，没过多久，亚瑟就想出了征服那位服装设计师的方法。他从各种渠道了解到那位服装设计师骄傲自负，很少能够看得上别人设计的作品。因此，亚瑟一改往日的习惯，他带了几张还没有完成的设计草图来到设计师的办公室。“约翰先生，如果你愿意，能不能帮我一个小忙?”他对服装设计师说，“我这里有几张还没有完成的草图，遭遇了瓶颈，很久都没有完成，你可以指点我一下吗?”设计师认真地看了看图纸，发现设计颇有新意，就说：“亚瑟，你可以把这些图纸留在这里，我会看的。”几天之后，服装设计师给亚瑟提出了一些中肯的建议，亚瑟按照设计师的意思很快就完成了草图。结果出人意料，这次的草图获得了服装设计师的赞赏，甚至没用亚瑟推销，他就主动购买了全部的草图。

从此以后，亚瑟经常询问买主的意见，然后再根据买主的意见完成图纸。由于买主参与了设计的过程，因此对草图再也不像之前那样吹毛求疵了，而是像对待自己的作品一样对草图赞不绝口。

可想而知，亚瑟找到了一个推销草图的捷径。当然，这个捷径并非凭空得来的，而是亚瑟凭借自己的聪明才智领悟到的。显然，买主给出了亚瑟修改和完善草图的意见，这样一来，草图就相当于是买主自己设计的。试想，谁会对自己设计的作品吹毛求疵呢？而亚瑟之所以能够取得成功，正是因为他善于反思，从谏如流，他不仅主动地询问买主的意见，而且积极地根据买主的意见修改草图。

纵观古今中外，很多成功人士早期的人生规划都有一定的盲目性:安徒生曾经梦想当一名演员，马克思曾经梦想当一名诗人，高斯曾经梦想当一名作家。然而，他们最后都远离了自己的梦想，在与最早的梦想没有太大关联的领域内做出了一番成就。究其原因，是因为他们及时调整自己

奋斗的方向，寻找到了新的更适合自己的发展方向，所以才能在新的领域里取得成就。显然，这正是成功人士比常人高明的地方。总而言之，识时务者方为俊杰，误入歧途后千万不要执迷不悟，固执己见，而要重新审视自己，为自己找到一个正确的方向。

打开新思路，别在一个路口堵死

在生活中，有些人不管是做人还是做事，都非常灵活，能够根据现实的情况灵活变通。但是，有些人却非常固执，一条道走到黑，不到碰得头破血流不回头。人们常说，条条大路通罗马，实际上就是在告诉人们要学会变通。

职场上，很多人都给自己制定了目标，但目标与目标之间有着很大的不同。有人的目标是短期之内就能够实现的，有人的目标是必须经过长期坚持不懈的努力才能实现的。然而，不管是什么样的目标，都未必是一定能够实现的。这就要求我们学会根据实际情况进行变通。因为身处的世界和周围的环境都处于不断的变化之中，所以目标就无法做到丝毫都不改变。要想改变，就要扩展自己的思路，不要在一棵树上吊死，更不要在一个路口堵死。

李明宇是一名大四学生，从大三开始，他就在苦学英语，想在大学毕业之后考研。不过，李明宇似乎没有学习英语的天分，每当学校进行英语考试的时候，他都是蒙混过关。大四的时候，他参加了研究生考试，因为英语不及格，他没有过关。为此，李明宇非常消沉，他怎么也不服气，自己其他几门功课的成绩都不错，怎么能因为英语就与研究生学历失之交臂呢！

大学毕业后，李明宇没有参加工作，而是继续全心全意地复习，想在

次年考研。这次,他主攻英语,每天早晨和傍晚都捧着英语书在狭小的出租房中苦读。似乎是上天在捉弄他,他的英语成绩再次以一分之差落榜。这次落榜给了李明宇很大的打击,而且,他的父母也向他发出了"最后通牒",希望他能边工作边考研。李明宇的父母都是农民,想尽办法才供李明宇读完了大学。如今,李明宇为了考研不参加工作,无疑又给父母增加了沉重的负担。就在此时,李明宇的同学给他介绍了一份很好的工作,而且他的面试也通过了。出人意料的是,李明宇经过再三思索放弃了这份工作。听到这个消息之后,李明宇的父亲气得生了病。

李明宇的心中还是有一个解不开的疙瘩,他觉得自己既然已经专心致志地考研两次了,第三次一定能够通过,而一旦参加工作,之前所花费的时间和精力岂不是白费了?因此,他又毅然决然地开始复习起来。

命运真是捉弄人,这次考试,李明宇的英语成绩过关了,但是专业课的成绩却差了几分。原来,因为英语拖了后腿,所以李明宇最近两年一直在和英语较劲,不知不觉中就忽略了专业课的复习。事已至此,看着昔日的同学经过三年辛苦的工作已经成为部门主管了,李明宇的心中充满了懊悔。再看看年迈的父母,他更是觉得内疚不已。

在这个事例中,李明宇显然犯了固执己见的毛病。他不仅没有考上研究生,而且白白地浪费了三年的时间。要知道,在这宝贵的三年时间中,原本和他处于同一条起跑线的同学如今已然成为了业务骨干、部门主管。和他们比起来,李明宇不仅没得到研究生那一纸文凭,更没有工作经验,而且还白白地浪费了三年的宝贵时间。倘若李明宇当时能够打开自己的心结,换个角度看待问题,就不会造成今天的被动局面。

对于任何人而言,在给自己制定目标的时候都要随时结合处于变化之中的实际情况,灵活机动地应对。一个追求事业的人,假如通过长期努力还是无法达到设想的目标,那么就应该认真地反省自己,分析现实的情

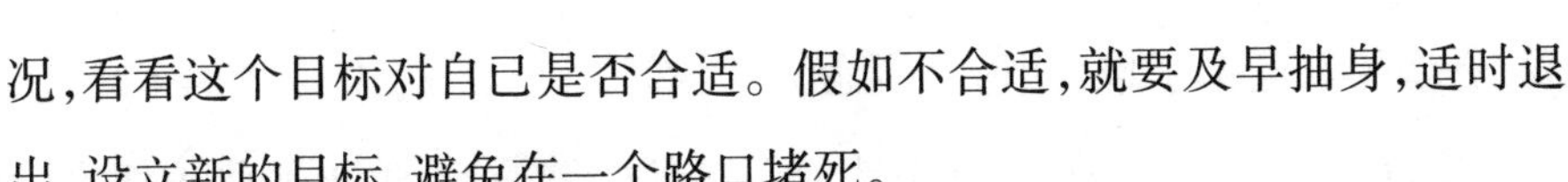

况，看看这个目标对自已是否合适。假如不合适，就要及早抽身，适时退出，设立新的目标，避免在一个路口堵死。

取大舍小，适时放弃获得更多

人生如白驹过隙，是非常短暂的。在这短暂的人生中，人们既要享受幸福，也会经历痛苦。虽然美好的东西数不胜数，但是，坎坷和挫折也是不可避免的。现代社会，人们对物质的要求越来越高，我们总是希望得到更多的金钱和财富，以满足自己无止无境的欲望。正是因为欲壑难填，人们才会铤而走险，甚至走上违法犯罪的道路。其实，人生是有限的，人们能够享受的东西也是有限的。要想拥有从容快乐的生活，就要降低自己的欲望，适当地放弃一些东西，这样才能够收获更多的幸福。

人生就像一条一去不返的河流，奔腾不息，或缓或急，没有回头的余地。正是因为世界上没有卖后悔药的，所以人们总是试图抓住更多的东西。人生中充满了或大或小的选择。如果选择得正确，人生就会更加幸福快乐，如果选择得错误，人生就会误入歧途。那么，选择的标准是什么呢？是得到的越多就越好吗？其实不然。面对选择，并非得到的越多越好，有的时候，失去也是一种得到，甚至还能得到更多。

孟子说："鱼，我所欲也，熊掌亦我所欲也；二者不可得兼，舍鱼而取熊掌者也。"这句话的意思是说，鱼是我所想要的，熊掌也是我所想要的，假如这两种东西不能够同时得到，那么我会舍弃鱼而选择熊掌。其实，人们的欲望和贪婪是永无止境的，容易满足的人，往往能够知足常乐。反之，越是不容易满足的人，胃口就会变得越来越大，最终为了满足无休无止的贪婪的欲望而不择手段。战国诗人屈原在《天问》中记载："一蛇吞象，厥大何如？"由此衍生了"人心不足蛇吞象"的说法。在面对取舍的时

候，更多的人选择了取，而避开了舍。

实际上，倘若人们能够真正地放下贪婪的欲望，不追求那些不切实际的虚幻之物，使自己变得更为知足，就能够更加幸福快乐地生活。真正聪明的人知道人生是一个不断放弃的过程，有舍才有得。懂得取舍，才能做出正确的选择。有的时候，我们不可能享有所有的幸福，必须权衡利弊，抓大放小，才能得到更多。要知道，贪婪的欲望将压得我们喘不过气来，使我们无暇享受生活的惬意与幸福。行走在人生的路上，每个人的肩上都背着一个行囊，行囊里的东西越多，你的脚步就会越沉重。只有适时地舍弃一些无足轻重的东西，才能轻装上阵，从容地行走在人生的路上。

李杜是一家国营单位的厨师，水平一流，在单位里深得领导的器重。一个偶然的机会，李杜被单位派去北京的一家五星级饭店学习厨艺。经过一年的学习，再加上李杜的勤学苦练，他的厨艺得到了这家五星级饭店董事长的赏识。转眼之间，学习期结束了，董事长邀请李杜留在北京，担任总厨。不过，李杜很犹豫，因为虽然总厨的工资很高，福利待遇也很好，但是国营单位的工作显然更加稳定。而且，李杜的妻子和孩子都在老家生活，如果回到国营单位，可以一家人团聚在一起。而如果留在北京，妻子和孩子只能留在老家，即使来了北京，妻子也面临着失去工作的窘境，孩子上学的户口问题也无法解决。经过慎重的考虑，最终李杜还是决定回到老家和妻儿一起生活，过安稳幸福的日子。

几年过去了，孩子长大了，得知李杜曾经有机会留在北京的时候，儿子不由得问："爸爸，你当初为什么不留在北京呢？那样，我们现在可就是北京人了！"李杜笑了笑，对儿子说："北京虽然好，但是却不是咱们的家。如果留在北京，也许咱们一家人现在还在漂泊着呢，哪来这么安稳的生活呢！不管在哪里生活，只要一家人在一起，平安健康，就是最大的幸福!”听了爸爸的话,儿子若有所思地点了点头。

在生活中,我们经营会面临着取舍。例如:是在国营单位当一天和尚撞一天钟,还是自己创业当老板?是要一个孩子,还是要两个孩子互相做个伴?是让孩子学习钢琴,还是让孩子学习声乐?是借钱买套大房子住,还是一家人住在小房子里?面对众多的选择,人们的内心摇摆不定,犹豫不决。其实,每个人都有选择自己生活的权利,有的人喜欢安稳的生活,有的人则喜欢刺激的生活,喜欢趁着年轻奋力搏一搏。不管做出哪样的选择,都要记住一点,既然是选择,就一定有取舍,一个人不可能处处顺心,事事如意,有舍必有得,有得必有失。即使是得到,也有大的利益与小的利益、长远的利益与眼前的利益之分。在做出选择的时候,我们要学会先舍后得,取大舍小,这样才能做到无怨无悔。

美国著名的心理学家、哲学家威廉·詹姆斯说:“取舍的艺术是明智的艺术。”要想更从容地生活,就必须掌握这门艺术。

保持理性,改掉不切实际的想法

当今社会,每天都处于日新月异的发展变化之中,促使人们的心理也发生着急剧的变化。在越来越多的物质诱惑面前,很多人好高骛远,不能静下心来脚踏实地地生活。他们整日梦想着自己有一天能够出人头地,甚至盲目地去做一些不符合实际情况的事情,幻想一步登天。结果好高骛远、不切实际的人都从天上重重地摔倒了地上,一事无成。不管干什么事情,要想取得成功,都必须保持理性,一步一个脚印地实现自己的目标。看看那些成功人士的人生历程不难发现,所有成功人士都是一步一个脚印地干出来的,仅仅凭借小聪明与不切实际的空想,是很难获得成功的。

在象牙塔中生活的大学生,每天都过着无忧无虑的生活,很少考虑到残酷的就业现实,一旦毕业,他们的心理就会受到剧烈的冲击。原本,他们对就业充满信心,觉得自己毕业之后肯定能够轻轻松松地找到一个金饭碗,然而,现实情况却让大跌眼镜。为了避免这种情况的发生,从大学时代开始,就应该保持理性,正确地认识自身,认识社会,抛弃那些不切实际的想法,这样才能更好地融入社会。

李霞和乔丽是一所大学计算机系的大四学生,即将面临毕业。从大四上学期开始,同学们就开始陆陆续续地出去找工作了。李霞心高气傲,觉得自己上了四年大学,应该找一份很好的工作。因此,李霞对一般的小公司根本看不上眼,只向那些大公司投递简历。乔丽的想法却和李霞不一样,乔丽知道如今的大学毕业生很多,找工作不太容易,因此,她除了向大公司投简历之外,也选择向一些中小型比较有发展潜力的公司投简历。大四下学期的时候,学校组织了一次招聘会,很多企业都来参加。在招聘会上,通过现场面试,一家软件开发公司现场表示愿意聘用李霞和乔丽。得知这个消息,乔丽非常高兴,表示愿意去这家公司工作。但是,李霞却有些犹豫,她还是觉得这家公司有点儿小,比不上那些规模比较大的外企。尘埃落定之后,乔丽开始专心致志地准备毕业论文和答辩,因为准备得比较充分,乔丽的毕业论文还在省级刊物上发表了。而李霞却仍然奔波在四处求职面试的路上。几个月的时间转眼就过去了,乔丽拿到毕业证书之后就高高兴兴地去那家软件公司上班了,而李霞的工作还是没有着落。

毕业一年之后,同学们进行了一次聚会。在聚会上,乔丽惊讶地得知李霞迄今为止还没有找到合适的工作。而乔丽所在的公司虽然小,发展潜力却很大,也正是因为公司比较小,所以晋升的空间很大,如今乔丽不仅发表了好几篇学术论文,而且已经成为了研究小组的组长,在公司里带

领十几个人搞研发。

看到同学们都在兴高采烈地讨论自己在单位中的成就和工作心得，李霞懊悔不已。

显然，李霞犯了一个严重的错误，即好高骛远，没有正确的自我认知。正是因为她对自己的预期不切实际，才导致她毕业整整一年还没有找到合适的工作。其实，对于现在的大学生而言，在找工作的时候没有必要非得一步到位，因为刚刚毕业的大学生毕竟没有工作经验，可以先找一家相对有发展潜力的公司，和公司一起成长。进入那些中小规模的相对有发展潜力的公司，大学生们往往能够得到更大的发展空间。常言道，大公司做人，小公司做事。在小公司里，大学生们有更多的机会锻炼自己的能力，快速成长。

如今，越来越多的大学生改变了不切实际的想法，他们变得越来越现实，脚踏实地。有些大学生甚至愿意从事家政服务，成为既有知识又有素质的新型保姆；有些大学生不怕困难和辛苦，或者自己开一家小店创业，或者自己开一家网络上的淘宝店铺，现在，他们已然不再把目光紧紧地盯着跨国大公司、外企，而是脚踏实地地开拓自己的人生。随着思想变得越来越理智，他们的人生道路也必将越走越宽，生活也会变得越来越从容和幸福。

巧妙的妥协为的是长远的发展

种植过向日葵的人都知道，不管阳光在哪个方向，向日葵的花盘总是朝着阳光的方向；观察过溪流的人知道，不管河床多么蜿蜒曲折，水流总是随着河床而流淌。在生活中，每一个人都要学会妥协，随着春夏秋冬的变化增减衣服，随着客观外物的发展变化调整自己的策略，这都是一种妥

协。无论人生的道路是多么平坦，人们都会遇到一些难以预见的情况。倘若是惊喜还好，倘若是灾难，就要学会柔韧地面对。所谓柔韧地面对，说白了就是一种妥协。很多时候，坚硬的东西很容易断裂，相反，那些柔韧的东西反而具有更强的承受能力。通常情况下，男人是家庭的顶梁柱，但是，科学家经过研究发现，看似柔弱的女性的承受能力其实更强。究其原因，正是女性柔弱的天性决定了女性比较柔韧，在面对生活的艰难困苦的时候，她们能够默默地承受这一切。相比之下，男性则不同。虽然很多男性看上去都非常坚强勇敢，但是，当面对灾祸的时候，他们很容易像易碎的陶瓷一样一碰就碎。从本质上来讲，他们的坚强比不上女人的柔韧更能承受压力。

在人际交往的过程中，细心的人不难发现，女人更善于妥协。因为坚持原则，男性有的时候处处讲究原则，受不得一点儿委屈。但是女性则不同，她们就像头发，虽然发丝很细，但是却有韧劲。尤其是在职场，因为女性处理问题的时候非常灵活，能够因时因地制宜，有的时候还能够"见风使舵"，所以她们往往能够如鱼得水。因为善于妥协，女人们获得了更长远的发展。

朱莉是一家公司的销售员。何明也在销售部，平日里和朱莉的关系相处得比较好，业绩也做得不相上下。何明比朱莉早两年来公司，已经算是老员工了。最近，销售部的主管因为怀孕辞职了，这样一来，销售部主管的位置就空了下来。销售部有二十几个人，每个人都对这个职位虎视眈眈，不过，最有希望的还是朱莉和何明。相比之下，因为何明来公司的时间比较长，所以接替主管位置的可能性更大。

经过半个多月的考核，公司高层召开了一次董事会，定下了销售主管的人选。对此，同事们议论纷纷，有人恭喜朱莉，有人恭喜何明，最后的任职通知书还要等一周才能下来。对此，朱莉总是一笑置之，说没影的事

情，让大家不要瞎猜疑。而何明则沾沾自喜，觉得自己一定会稳操胜券，毕竟，他比朱莉多两年的工作经验，还是很难得的。周一上班的时候，在例会上，总经理当场宣布了新任销售部经理的人选。出乎所有人的意料，公司居然外聘了一个曾经在其他公司工作过的销售主管来接替销售经理的职位。听到这个消息之后，何明的脸上马上现出了尴尬的神色，甚至还有些恼火。朱莉虽然也有些不高兴，但是却尽力压抑着自己的情绪，避免太过于明显。

新任销售主管上任的第二天，何明就递交了辞职报告，虽然新任主管竭力挽留，但是何明的意愿却非常坚决。与何明的态度截然相反，朱莉比往日表现得更加积极，尽力配合新任主管的工作。经过一段时间的考察，公司要在海南成立一个销售分公司，想调一个销售经验比较丰富的销售员过去当分公司的经理。这次，公司高层一致同意调朱莉过去当销售分公司的经理。后来大家才知道，原来，早在聘用新任销售主管的时候，公司就已经决定要调何明去海南担任分公司的经理了。但是，因为何明没有沉得住气，早早地就辞了职，所以这个机会理所当然地落在了朱莉的身上。如今的朱莉，春风得意，在海南的市场上带领公司的员工们奋力打拼，为公司开拓了海南的市场。而何明呢？辞职以后，他不得不进了一家新公司重头做起。

在上述事例中，倘若何明能够沉得住气，在公司里再坚持工作一段时间，观察一下公司管理层的真实意图，那么，海南销售分公司经理一职就非他莫属了。在生活中，每时每刻都需要妥协，正是因为人们的妥协，世界和社会才会变得更加和谐。倘若人类不向自然妥协，自然就会惩罚人类；倘若人在工作中不会向领导妥协，就会失去很多充实自己的机会；倘若夫妻之间不懂得妥协，就会每天吵得鸡犬不宁；倘若朋友之间不懂得妥协，就会反目成仇，形同陌路。总而言之，要想使自己的生活更加美好，要

想让自己获得更加长远的发展,就要学会妥协。要知道,在这个世界上,没有绝对的公平存在,这就要求我们要学会审时度势,以获得长远利益为目的,学会适时适当地妥协。

话不说满,事不做绝

中国人崇尚中庸之道,凡事都喜欢留有余地。具体到现实生活中,就是话不说满,事不做绝。所谓“话不说满,事不做绝”,从广义角度来说,指的是一种适度原则和中庸智慧;从狭义的角度来说,指的是说话做事要留有余地。人生在世,除了最基本的生理需求之外,不外乎两件事情,一是说话,二是做事。所谓话不说满,意思是说讲话要有弹性,秉承恰到好处、滴水不漏的理念,这样一来,才能在交际中如鱼得水,左右逢源。所谓事不做绝,意思是说做事情要灵活,根据实际情况灵活调整自己的策略,实现可进可退、天衣无缝的境界,这样才能给人生锦上添花。

在职场中,同事之间的交往必须依靠说话和做事来进行,如果说话得体能够使你获得好人缘。不管是在什么情况下,假如你的人生春风得意,那么,你更应该修炼自己说话和做事的水平,这样能够帮助你赢得更多的人脉资源,助你的事业更快地走向成功;反之,假如你的人生屡遭挫折,但是你自己却不知道症结所在,那么你就要反省自己说话做事是否合宜。无论是什么事情,要想圆满地解决,最终都要归结于说话和做事上。

在老子的《道德经》中,有这样一段话:“上善若水。水善利万物而不争,处众人之所恶,故几于道。居善地,心善渊,与善仁,言善信,正善治,事善能,动善时。夫唯不争,故无尤。”这句话的意思是,老子认为上善的人,应该如水一般能够滋养万物,造福万物,但是却从来不与万物争高下。只有这样,才是最谦虚的美德。江河湖海之所以能够成为百谷之王,能够成为所有小河小溪的最终归宿，就是因为它们保持了谦卑的姿态，始终处在水流下游的位置。要善于选择合适的地方作为居所，要有甘居人后的心胸，要真诚友爱地对待他人，不管是说话还是做事，都要遵守信用。为政，要善于精简处理，处事，要善于发挥所长，行动，要善于掌握时机。为人处世的时候，我们一定要像水一样保持谦卑的姿态。不管是做人还是做事，都要能屈能伸，张弛有度。与此相反，倘若总是不计后果地把话说满，把事做绝，就会把自己逼入死角。很多时候，给别人留有余地就是给自己留有余地，只有与人为善，才能于己为善。

小米和蒙蒙是同一个部门的同事，平日里关系处得比较好。一次，为了争取一个难得的外出学习的机会，小米和蒙蒙争吵了起来，双方互不相让。在争吵的过程中，小米急不择言，对蒙蒙口出恶言，小米说："就凭你这样，即使出去学习了，也当不上部门经理。难道你以为咱们部门没有人了吗？非得派你这样一个要形象没形象，要能力没能力的人出去丢人现眼。"对此，蒙蒙气得一句话也说不出来，半天，她才哽咽着说："咱们同事一场，相处得一直很好，我真没想到你会为了这样一个机会就对我恶语相向。"

后来，不管是小米还是蒙蒙，都没有得到这个外出学习的机会，机会被一个部门主管的侄女得到了。后来，蒙蒙因为表现出色，被公司领导提拔为部门主管。任职通知下来之后，小米瞠目结舌。自从和蒙蒙吵架之后，小米始终没有正眼看过蒙蒙。如今，蒙蒙突然成了她的顶头上司，这让她情何以堪呢？蒙蒙走马上任没几天，小米就主动辞职离开了公司。对于她来说，进入一个新的公司，一切都得从零开始。

倘若小米在和蒙蒙吵架的时候就事论事，不搞人生攻击，她就无需无奈地离职了。对于职场人士而言，在一个公司工作，资历很重要。小米一旦离职，不但失去了自己辛辛苦苦几年才建立起来的人脉网，而且还得像刚刚大学毕业的新人一样去一家新公司从头开始。

其实，不管是在生活中，还是在工作中，不管是夫妻之间、朋友之间，还是同事之间，都难免会产生争执。在争执的过程中，我们一定要就事论事，千万不要恶语相向。对于性格、脾气、经历都完全不同的人而言，彼此之间有不同的意见是正常的。因此，纯粹的争论并不会导致严重的后果。但是那些恶言恶语会使人们彻底决裂。不仅是说话做事要留有余地，在生活中，很多地方人们都应该刻意的留有余地。在图书馆中，看着精美的书页，我们不难发现每页书稿都会留有一些空白的地方；在高速公路上，每经过一段路就会有间隙，以免路面发生膨胀；在建筑楼群中，每栋楼都要与其他的楼保持一定的楼间距，期间或者种花种树，或者预留停车位。人与人之间，即使是表扬，也要适度，不能把夸奖对方的话说得天花乱坠，过分夸张；如果是批评，更不能把对方批判得体无完肤，一无是处。总而言之，在生活中，我们每时每刻都要注意留有余地，话不要说满，事不要做绝，这样才能更加从容地生活。

第5章

从容是低调谦逊的态度——虚怀若谷韬光养晦

○○○ ○○○

现代社会是竞争型社会,我们要想脱颖而出,就必须要懂得表现自己。但俗话说:“枪打出头鸟”,如若你想表现自己,让别人承认你,也应该选对时机,当你毛翼丰满时、当情况紧急以至于不能没有你时,这个时候,搏击长空的你才会更令人信服。总之,真正有大智慧、做大事的人往往懂得在不显山、不露水中悄然发展。因此,当遇到不利的情况或者可能对自己造成伤害的情况时,万万不能凭一时冲动办事,也不应该什么事都第一个跳出来,而应毫不犹豫地将自己隐蔽起来,切勿逞匹夫之勇,而毁了自己的前程。

给他人机会，就是在拓展自身空间

人生在世，无论是谁，都避免不了这两件事：一为说话，二为做事。无论说话还是做事，都必须既有条又有理。这其中的条例，即为"度"的把握，中国人有句极具哲理的话："话不说满，事不做绝"，这句话的含义是，为人处世要低调，要把握好分寸，很多时候，给他人留有机会，也就是给自己拓展空间；而做人太嚣张、对他人赶尽杀绝，也无疑是断了自己的退路。

我们来看下面的寓言小故事：

有一群水牛，其中有一头雄壮而温顺的公牛被尊为水牛王。

有一天，水牛王带牛群外出觅食，遇见一只顽猴挑衅，还向水牛王抛掷石块。水牛王见状不仅不怒，还制止其他牛的报复行动。树神看到后不解地问水牛王为什么这样懦弱。水牛王说了一段偈语来回答："彼轻辱贱我，又当加施人；彼人当加报，尔乃得牲患。"过了一会儿，有一伙婆罗门经过这里，那只猴子又故伎重演，打了这伙婆罗门。结果，被人抓住，痛打致死。

这则小故事中，水牛王是有远见的、聪明的，低调一点换来的是和平。而猴子是无知的，他去招惹婆罗门，无疑是拿石头砸了自己的脚，而这更应验了水牛王的话，"彼轻辱贱我，又当加施人；彼人当加报，尔乃得牲患。"

这个故事告诉我们为人不可太狂妄，更不能欺人太甚，以强凌弱，给别人留后路也就是给自己留退路，有时受欺者貌似软弱，实际上是胸怀宽广，不与计较。当你受气之后，不必忿恨不已，更不要冲动地做出让自己后悔的事。我们再来看另外一个民间故事：

明代，在姑苏城里，有个姓尤的老翁，开了间典当铺，生意很好，因为

老翁是个心地善良的人，谨守“低调做人”、“和气生财”的信条做生意，所以往常被周围的人称赞。

有一年年底，尤老翁店铺里面盘账，因为马上要过年了，他要为伙计们支付当月的工资，突然，他听见外面柜台处有争吵声，便小心翼翼地走出来。原来铺子里的伙计和附近一个姓王的老头吵架了，尤老翁二话没说，先将伙计训斥一顿，然后再好言向老爷子赔不是。可是这位姓王的老头似乎是铁石心肠，脸色不见缓和，反倒赖在店铺外面不走了。

伙计被老板无端骂了一顿，心中不悦，于是，诉苦道：“老爷，这个老头蛮不讲理。他前些日子当了衣服，现在，他说过年要穿，一定要取回去，可是他又不还当衣服的钱。我刚一解释，他就破口大骂，这事不能怪我呀。”尤老翁点点头，打发这个伙计去照料别的生意。自己过去请王老头到桌边坐下，语气恳切地对他说：“老人家，我知道你的来意，过年了，总想有身体面点儿的衣服穿。这不是什么难事，您就别和晚辈们一般见识了，消消气吧。”尤老翁说完，也不等王老头开口，让伙计去库房拿了几件新衣服来，然后，尤老翁指着这几件衣服说：“这些衣服有您穿的，孩子穿的，虽然不是什么绫罗绸缎，也是不错的料子做的。”而这个王老头似乎一点儿也不领情，拿起衣服，连个招呼都不打，就急匆匆地走了。

尤老翁并不在意，并让人将这个老头送出门。没想到，就在当天夜里，王老头竟然死在另一位开店的街坊家中。这位街坊打了几年官司，花了一大笔钱才将此事摆平。

事后，尤老翁才知道那个王老头负债累累，家产典当一空后走投无路，就预先服了毒，来到尤老翁的当铺吵闹寻事，想以死来敲诈钱财。没想到尤老翁心地善良，明显吃亏也不与他计较，王老头只好赶快撤走，在毒性发作之前又选择了另外一家。后来，人人都夸尤老翁有料世事的本事，可尤老翁说：“我并没有想到王老头会走到这条绝路上去。我只是觉

得，凡事多退一步，给人留一步，也是给自己留条退路。”

这样一个民间老翁，却是一个智者。他的做法为自己避免了一场灾难。他的这种心态可谓是能屈能伸、方圆做人的至高境界了。

俗话说得好，“物极必反”、“满招损，谦受益。”水缸装满了水，再往里面添水，就会往外溢，这就是物极必反，事物发展到了极端，必然朝着相反的方向发展。所以，我们为人也不可太狂妄，更不能欺人太甚，以强凌弱，给别人留后路也就是给自己留退路，有时受欺者貌似软弱，实际上是胸怀宽广，不与计较。当你受欺之后，不必忿恨不已，或冲动地做出让自己后悔的憾事。

所以，生活中的人们，做事时一定要为他人留有余地，这也是给自己留条退路。比如，当你取得非常显赫的位置或者事业取得非常大的成功时，你就不要争强好斗了，而应该与别人分享，与别人合作。再比如，在与人竞争的过程中，如果自己已经势在必得，要学会给别人留一条退路，同时也给自己留一条退路。凡事如果做得太绝，不留后路，一败涂地。说话、做事讲求弹性、把事做得更加灵活、进退得宜，无论是在职场还是社交场，你都会如虎添翼！

不卑不亢更易赢得他人信任

戴尔曾经说过一句话：“不卑不亢，赢得尊重，想要别人怎样对待你，你就怎样去对待别人，这是赢得尊重的好方法。”。人，是社会的人，身处社会就必须要与人打交道，谦逊待人固然重要，但绝不可低三下四、一味地奉承拍马。

三人行必有我师，很多时候，与我们打交道的人可能在某方面强过我们，对对方的确要做到有礼貌、谦逊。但是，绝不要采取“低三下四”的态

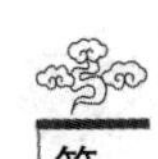

度。绝大多数有见识的人，对那种一味奉承、随声附和的人，是不会予以重视的，也是不予信任的。在保持独立人格的前提下，你应采取不卑不亢的态度。

在一家保健品公司，有两个员工，有两种明显不同的行事作风。一个是营销部总监李丰，一个是广告部总监郑爽。

李丰是公司的元老，为公司的发展立下了汗马功劳，老总也很器重他，把他从一个普通职员升到了营销总监的位置。可是，自从当上了营销总监，李丰的自我意识便开始膨胀。他认为，自己在营销方面的才能无人能敌，于是大小事不再向老总汇报，而是擅自做主。为了树立威信，他不仅对下属严厉苛责，也时常与老总发生冲突。员工们背后都议论他"倚老卖老"，怨言很多。老总虽然有万般不舍，还是"挥泪斩马谡"，委婉地劝他离开。

而郑爽在公司任职的时间远远没有李丰的时间长，而他和李丰就不一样，在公共场合，他从来都不反对老总的意见，但如果老总的想法确实有错，他会私底下找老总沟通自己的想法，给老总决策提供参考。这样，郑爽很快就取得了老总的信任和支持，到公司才一年就当上了广告部总监。

李丰和郑爽之所以有不同的职场命运，与二人的说话、行事姿态有很重要的关系。李丰虽然是公司老员工，但无论对下属还是领导，都显得过于张狂，无奈之下的领导只能将他开除。而郑爽的做事方法给足了领导面子，但当领导做出错误决定时，又能主动委婉地提建议，不卑不亢，这才是一个下属应该有的说话态度，自然会得到领导重用。

在职场，任何诋毁和藐视上司的言行都是一种禁忌。无论你是谁，无论你对公司来说多重要，这样的行为都将使你的职业生涯带来危机。而与上司争吵辩论更非明智之举，它将毁坏你的形象，并且使上司疏远你。

所以，要想获得上司的信任，首先你要尊重他。但尊重领导，并不意味着你要对领导惟命是从，低声下气。

事实上，不仅是职场，任何场合，我们与人打交道，要想取得对方的信任，都要做到不卑不亢。孟子拜见过许多诸侯，在《孟子·尽心下》中，他记录了这样的一句话："说大人则藐之，忽视其巍巍然。"这句话的意思是说，不管对方地位多多高，身世多显赫，在和他对话时，你也不要显出刻意的低姿态，不卑不亢才是最好的对话态度。

某报著名编辑想与某位大作家约稿。听说这位作家很高傲，于是拜访的时候，编辑只字不提约稿的事，只是和他聊天。

在双方交谈甚为融洽之时，编辑突然问："先生，听说你最近写的一部长篇小说在国外很畅销，有这回事吗？我读过不少您的作品，但你的作品手法奇特，这本书也能翻译成其他文种吗？"

这位高傲的作家听到这句话，心中更是乐不可支，态度也不再那么傲慢了，他说："是有这回事，翻译倒是可以，只是苦了翻译及编辑人员。"两人于是开始兴致勃勃地谈论起文学作品。

而几十分钟后，大作家亲口答应当天就给这位编辑一篇文章，最后编辑高高兴兴地回去交差了。

在这个案例中，编辑采用的是特殊的说话策略。由于名人都有一定的社交范围，有高人一等的优越意识，但并不是无法与之沟通。

要做到不卑不亢与人交往，需要我们做到以下几点：

首先，摆正位置，以示真诚。

与知名人士说话，要准确把握双方关系，给其以相应位置，充分表现出对他的尊重。比如，对于某嘉宾的到场，我们可以说："感谢您百忙之中抽出时间来参加我们的活动。"这是合乎现实的，不仅不会损害自己的"身价"，而且会取得名人嘉宾的信任。

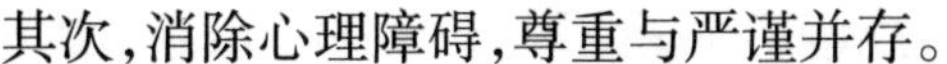

其次，消除心理障碍，尊重与严谨并存。

面对知名人士，心理上难免有障碍，如果不敢正面和对方交谈，让对方始终以压倒性姿态占在上风，这就容易让自己一直处于劣势。因此要消除心理障碍，学会主动交谈，尝试主动地走上去，说：“ＸＸ先生，您好！欢迎您加入本次写作的交流会。”

再者，态度自然，不卑不亢。

知名人士一般会在地位、阅历或者学识上高我们一筹。与他们交往，常令我们对他们肃然起敬，但这更意味着我们要态度自然、不卑不亢地与之说话，自我贬低会无形中降低我们的说话身份。

总之，与人交往，内心上的尊重才是真正的尊重，只有在心理上有尊重对方的想法，才可能做出尊重对方的行动。所以，你必须牢记：“每个人在人格上都是平等的。”不要因为看不起人就在沟通上有着轻蔑的口气，也不能是当着对方一套，背里有一套，那样迟早会让对方感觉出来，也许因此你就失去了他的信任。而不卑不亢，才是赢取他人信任的最好方法。

你敬他人三分，他人敬你七分

“你敬我一尺，我敬你一丈”，这原本是在酒桌等社交场所常听到的一句话，但也是一种低调为人的行事原则。的确，尊重别人是一种美德，受到别人尊重是一种幸福。但尊重是相互的，我们若希望得到他人的尊重，就要先尊重他人。为了个人的目的不惜损害他人的利益，是一种不道德不可取的行为。尊重是做人最起码的准则，更是一种谦逊为人的体现。相反，不知道尊重别人，逞一时之快，自私自利的人，是不会受到大家的欢迎与认可的。

在中国民间,流传着一个故事:

一天,唐伯虎游玩西湖时,又累又饿,便在西湖边某酒楼里吃了一顿午饭,但当他找来店小二准备结账时,发现身上的钱袋居然丢了。唐伯虎当时就急出一脑门子汗,啪,打开手中扇紧摇慢扇……看到扇子他来了主意:“就凭我的画,这把扇子怎么不抵几个酒钱?”没想到,店小二根本不认识唐伯虎,对他的纸扇更是不识货,边说老板不在,做不了主。唐伯虎一时来了气:“嘿,我还就不信变不了现了!”他吆喝起来:“谁买扇?”

邻座有个很富态、一看就是一个富商的胖子一把拿过扇子,看了几眼说:“画的什么呀这是?现代不现代,前卫不前卫,一文不值。”随手扔在地上,唐伯虎此时相当不快。

一个知识分子模样的人一旁实在看不下了:人家没钱也不能欺负人嘛。便过来捡起扇擦拭起来,他本意是打算接济一把这位差点沦为乞丐的食客。忽然他眼睛一亮:“哇,这不是唐伯虎的墨宝吗?”再看唐伯虎,他果真发现唐伯虎的气质显得与众不同,一派文人风范,器宇轩昂。这位知识分子激动而又景仰地叹道:“这位就是江南第一风流才子唐伯虎!”所有人都惊喜不已,开始争购伯虎之扇。

自尊心得到极大满足的唐伯虎还拿上劲儿了:“这扇子我谁都不卖,只给他!”

受宠若惊的知识分子连忙笑着说,我这兜里只有 10 两银子,买不起买不起!唐伯虎说:“别,别,我还只收您 5 两,多了还不要。”

那富商一看这阵势,肠子都悔青了。拉着唐伯虎又是赔不是又是请酒:“算我瞎了眼,您的画那是天下没有的精品,您原谅我有眼无珠,您喝,喝!”把唐伯虎灌了个醉意朦胧。

酒酣之际,富商说:“唐大师将扇子卖给我得了,我多出价钱,高他 200 倍!”

唐伯虎酒醉人不醉,只说了两个字:“没门!”大款恼羞成怒:“你吃了我的,喝了我的,就白吃白喝啦?!”唐伯虎:“是你请又不是我要吃,吃了不就白吃?”

此时,人群中又走出一位穿制服的干部模样的人,劝说唐伯虎:“给我点面子,给我点面子!唐先生可知这位是谁?是本地四大家族之一。跟您家老爷子的远房亲戚沾亲呢。”

唐伯虎说:“哟!我还真不知道,既然如此,我就为您当场画一张吧。”

笔墨伺候,唐伯虎让身儿,在他后背上刷刷刷几笔完事,然后拉着那位知识分子大步离去。众人看画,更加痛笑不已。富商脱衣一看立刻晕倒。

那上面留着唐伯虎的笔墨:王八。

你敬他人三分,他人敬你七分。唐伯虎的故事,给了我们一些启发:人与人之间要互相敬重,弱势的人也有人格,不知道哪天“我敬的人”会报“我”以更有意义的“回敬”。

总之,尊重别人不代表你的懦弱,蔑视别人也不能表示你的强悍。在人与人之间的交往中,需要理解、信任与尊重。你对他人的尊重必当换来他人同样甚至更多的“回敬”。

人生本是一出戏,人与人之间原本也是一场场游戏,游戏自有游戏的规则,想要和谐相处,闯关成功,那必定要遵循这一场场游戏的规则,如果有人最先破坏了这一规则,那么必将在这场游戏中首先出局。其实尊重别人很容易,尊重了别人,别人也会尊重你,即使那个人是你不喜欢的,那也请你尊重他的语言,把他的话当成“话”来对待,受到帮助不妨谦逊点,说声“谢谢”,做了错事说声“对不起”。尊重他人,其实也是尊重自己,让我们都能拥有这种美德,让幸福之花处处开放吧!

多多请教他人让自己羽翼更丰满

俗话说“金无足赤,人无完人”,无论是谁,都有优点、长处,也都有缺点、短处,我们要想进步,就必须要虚心地向别人学习,做到取人之长补己之短,如此,才会有进步。然而,生活中,有一些人,他们自大自负,在他们的眼里,谁都不如自己,目空一切。也许他们是有很多过人之处,但任何人都不是全才,如果停止了学习的脚步,就会故步自封,止步不前。而只有取人之长补己之短,才能做到不断完善自己,少走很多人生的弯路。同时,请教他人还是低调的表现,更容易使我们赢得他人的支持。

日本企业家福富先生,17 岁时进入一家公司工作,当时与他共事的都是富有经验、资历较深的老员工。福富年纪轻,资历浅,经常受到老板训斥,受到老员工轻视,处境非常不妙。那么,福富怎么做才能与竞争对手一争高下,受到老板重用呢? 聪明的福富没有畏惧退缩,他把挨训和慢待当作机遇,总是力求从中学会一点东西,知道一些事情。有了这样的决心,福富在面对老板和老员工时,不再像老鼠见了猫一样惊慌逃走,而是主动上前,躬身行礼并谦虚地招呼说:“我难免有做不到的地方,请多指教!”碍于情面,老板和老员工们不再摆架子,而以长者的风度指出他应该注意和改正的地方。福富洗耳恭听,然后立即按照他们的指导改正自己的缺点,以求做得更好。

功夫不负有心人,两年后,老板对他说:“通过长期考验,我看你工作勤恳能干,善于向他人学习,从明天起,你就是公司的部门经理了。”福富当时只有 19 岁,却战胜了公司里许多老员工,成为最年轻的经理,他的成功是由于他敢于虚心向竞争对手学习,创造并把握住了学习的机会。

看完以上这个案例后,我们得出个结论,如果你要想在职场中尽快得到提升，那么就应该勇敢地向竞争对手去学习，变被动为主动，提高学习能力，注重学习细节，以促进自我的提升。

“梅须逊雪三分白，雪却输梅一段香。”一个人要想真有长进，不仅需要谦逊，而且还要有雅量，要放下架子，不耻相师。

然而，在现代社会，一些人特别是具备高学历的人一般都很自负，他们认为自己无所不知，专业知识丰富，平时的工作方式虽然与同事们有差距，那也是自己的工作风格和个人魅力的所在，这样的细节问题不是评定自己的工作能力的标准。真的是这样吗？要知道，你的文凭只代表你过去的文化程度，它的价值往往只体现在你的保底薪金上，而它的有效期最多也就 3 个月。你如果要想在优秀的企业中站住脚，就必须从小学生做起，积极主动地向旁边的人学习。反之，你就不可能在竞争激烈的职场当中有所成就。

总之，人际交往中，我们一定要放低身份，这一点，在与比自己身份低的人说话时尤为重要。偶尔说一说“我不明白”、“我不太清楚”、“我没有理解您的意思”、“请再说一遍”之类的语言，会使对方觉得你富有人情味，没有架子。相反，趾高气扬，高谈阔论，锋芒毕露，咄咄逼人，容易挫伤别人的自尊心，引起反感，以致他筑起防范的城墙，从而导致自己处于被动。

我们在求教他人前，还需要非常了解自己的优点和缺点，同时不断地改善自己的缺点，这样成功的机率才会比较大。一个人的知识和本领总是非常有限的，所以，应该谦虚一些，多向别人学习。不自夸的人会赢得成功；不自负的人会不断进步。而我们不缺乏学习，而是缺少发现，这取决于你用什么眼光、从什么角度去看待每个人。“三人行，必有我师”，要善于取人之长，补己之短，不懂、不会，要不耻下问，切忌不懂装懂，掩耳盗铃，自欺欺人，待人接物要礼让谦恭，用谦虚的态度博得他人的认可，在与

人交往中不断提升自己的能力。

因此，我们首先就要树立正确的观念，这样才能学得自觉，学得长久。实践告诉我们，善借外智，才能思路开阔；善借外力，才能攀上高峰，一个国家和民族才能兴旺发达。

然而，要想真正取得效果，还需要你做到持之以恒。三天打鱼，两天晒网、见异思迁的学习是不能产生令人满意的效果的。向他人学习，必须从谦逊开始，无论取得多好的成绩，也不能停顿。

另外，放低姿态，不是低声下气、奉承谄媚。说话、做事时放低姿态是一种艺术。尤其是在我们得意之时，与同事说话，要谦和有礼，这样才能维持和谐良好的人际关系。

随着社会的不断发展，人人都在不断向前迈进。我们若要想成长、进步，就必须放下"架子"，丢掉"面子"，虚心地向他人请教，见先进就学，见好经验就学，这样才能不断提高，不断进步，实现自己的人生理想与追求。

欣然地去接受批评和建议

唐太宗李世民说过："以铜为镜，可以正衣冠；以古为镜，可以知兴替；以人为镜，可以明得失。"贞观之治乃至大唐盛世的出现，可以说是因为太宗听得进去魏征的逆耳忠言。但同时，在历史上，能虚心接受批评的帝王并不多，正因为如此，他们常亲小人远贤臣，最终落得凄惨悲凉的下场。可见，批评是一门艺术，然而接受批评更是一种气魄。人无完人，任何人能力、品质都需要不断的完善，而通常情况下，人们对自己的缺点和不足都没有清醒、正确的认识，而如果我们能虚心接纳别人的批评，我们便能不断地完善自己。

郭满的专业是工程估价，毕业后就在一家建筑公司做起了估价员，五

年后，他凭借出色的表现很快升为这家公司的工程估价部主任，专门估算各项工程所需的价款。当了小领导后的郭满似乎没有了当年的热情。

有一次，他的一项结算被一个核算员发现估算错了2万元。老板便把他找来，指出他算错的地方，请他拿回去更正，并希望他以后在工作中细心一点。

郭满不肯认错，也不愿接受批评，反而大发雷霆。他责怪那个核算员没有权力复核他的估算，没有权力越级报告。

老板见他既不肯接受批评，又认识不到自己的错误，本想发作一番，但因念他平时工作成绩不错，便和蔼地对他说："这次就算了，以后要注意。"老板说这句话的时候，脸色已经变得阴沉了。

过了一段时间以后，郭满又有一个估算项目被查出错误，这次他又像前次那样态度很恶劣，并且还说是那名核算员有意跟他过不去，故意找他的碴儿。等他请别的专家重新核算了一下，才发现自己确实错了。

这时老板已经忍无可忍了："你还是另谋高就吧，我不能让一个永远都不认错的人来损害公司的利益。"

这则案例中，郭满为什么会被老板炒鱿鱼？原因很简单，任何一个领导，都希望自己的下属能把公司利益放在第一位，当工作中出现失误的时候，能主动承认，为自己的失职负责。而实际上，即使我们真的为公司带来了某些利益的损失，只要我们认错态度良好，一般情况下，领导是不会为难我们的，相反，他们会主动协助我们尽量将失误带来的负面影响降到最低程度。

俗话说："当局者迷，旁观者清。"我们在生活、工作、学习中，有时会遇到挫折、失败乃至磨难。有些人会怨天尤人，牢骚满腹。但很少有人能找到自己的主观原因。因为当有人指出我们的错误，提出批评的时候，我们会有这样的想法：他怎么老是看我不顺眼？这个人真是讨厌，

处处跟我作对;更有甚者,会对其进行攻击甚至报复。这样,我们自身的缺点不仅得不到完善,错误得不到改正,还会理所当然地肯定自己,最后后悔莫及。

其实,不妨反过来想想,此人对你有意见,毫不留情地指出你的失误和不足的地方,这说明什么问题呢?可能是你真正存在需要改进和完善的地方,你还做得不够好以至于得不到别人的认可和赞赏,你还需要自我检讨和反省。而这些需要改进的地方不是我们随随便便就能意识到的,因为,成功没那么简单。

例如,如果领导对你的工作提出了批评,那么,你首先要有一个良好的认错态度,并能认识到自己的过错,并在此基础上,要能虚心接受他们的"调教"。因为工作中出现了失误,证明我们在处理问题时确实存在某些问题,而领导毕竟是过来人,有着我们所缺乏的很多工作上的经验教训。欣然接受领导的批评,不仅能提高我们的工作能力,还能获得领导的好感。

能听进去别人的批评,然后能从自身找问题,发现了自己的不足之处,积极地虚心接受和改正,并不断地完善自己,这将会是你一生中宝贵的财富。

在我们的成长过程中,有人批评并非坏事,有人这样对你,至少说明你有提升的空间。所以,当别人批评你时,千万不要为此不悦,反而应该欣然接受,他无偿地告诉了你现在正处于什么样的位置,你应该怎么做才能更好。很多人都不愿意接受别人的批评,或者不敢直面别人的批评。其实,有了这些批评,你的进步会更快,你更能认识自己。对于这样的一个收获,我们应该向批评我们的人表示感谢!从这个角度出发,你会意识到是折磨你的人让你醒悟,然后你便可以重新认识自我、审视自我。那么,对方也会对你刮目相看,你的人际关系也会更加融洽!

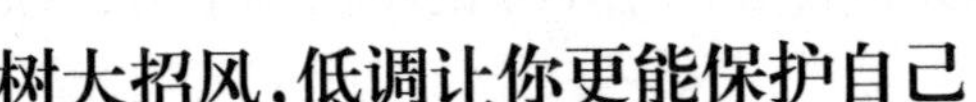

树大招风，低调让你更能保护自己

细心的人发现，生活中，那些工作出色、处处争第一的人，似乎朋友很少，而那些能力一般的人似乎周围总是不缺朋友。其实因为每个人都不甘心成为配角，而对于那些抢尽风头的人，他们一般会敬而远之。

低调做人是一个人成熟的标志，也是保护自己的一种策略，更是为人处世的一种基本素质。年轻人应该像向日葵一样，在成长的过程中，它们镶嵌着金黄色的花瓣，高昂着头，但一旦籽粒饱满，它便会低下沉甸甸的头，因为它成熟了、充实了。

古语说："美好者不祥之器。"就是说事物过于完美了，必定会带来毁灭性的结果，这句话告诫世人，做人不可过分追求完美，以防别人的嫉妒。献文帝拓扑弘有个侄子叫元恭，也就是后来的北魏节闵帝。他"装聋作哑"二十年最终登上帝位也就说明了这个道理。

孝明帝时，元义专权，大肆杀戮。元恭虽然担任常侍、给事黄门侍郎，但面对如此局势，他觉得如果继续担任此职，总提心有一天大祸临头，索性装病不出来了。那时候，他一直住在龙华寺，和谁都不来往，就这样装哑巴装了将近二十年。

后来，孝庄帝即位，也就是永安末年，有人称元恭不能说话是假，心怀叵测是真，而且老百姓中间流传着他住的那个地方有天子之气，元恭听了这个消息后，又急忙"转移阵地"，逃到上洛躲起来。没过几天就被抓住送到了京师。关了好几天，由于抓不到什么证据，不得已又放了他。

北魏永安三年十月，尔朱兆立长广王元晔为帝，杀了孝庄帝。那时，坐镇洛阳的是尔朱世隆。他觉得元晔世系疏远，声望又不怎么高，便打算另立元恭为帝，但又担心他真的成了哑巴。于是便派尔朱彦伯前去见元

恭，摸清真实情况。事已至此，元恭也知道形势发生重大变化，见到尔朱彦伯后开口说："天何言哉！"二十年的哑巴说了话，彦伯大喜。不久，元恭即位当了皇帝。

一个昔日的朝廷重臣，转眼间必须以"装聋作哑"来掩人耳目，以保证自己的生命安全，并忍受世人各种各样的眼光，这需要何等的隐忍！人生少不了逆境，少不了坎坷，少不了挫折，但你要想取得成功，就得懂得时机未到、实力不足时，要低调行事，为自己争取机会，积累实力做好掩护，这样才能突破人生的逆境，踏平人生的坎坷。

元恭这一际遇，自古以来，很多成功人士都遇到过，他们懂得运用隐忍，在时机不成熟、力量不足的情况下，故意制造出一种假象，暗中积极准备。这样做的目的是为了减少外界的压力，或使对方降低对自己的要求，关键时刻，他们能出其不意，实际的表现远超出外界对自己的期待，这样的大智慧必能克敌制胜。而过分的张扬自己、表现自己，则会遭受到外界的各种侵袭，想要成功更是举步维艰。

俗话说的好："枪打出头鸟"。这句话并不是没有道理的，那些爱显摆、做人高调者往往是别人排挤的对象，而那些为人低调，懂得韬光养晦的人才会取得真正的成功。"低头是谷穗，昂头是谷秧。"有位哲人说过，当坚硬的牙齿碰落时，而柔软的舌头却完好无损，不是柔软的舌头能胜过坚硬的牙齿，而是舌头处于低谷。可见，低调做人，不仅可以保护自己，使自己与他人和谐相处，更能使自己积蓄力量，在不显山露水之中成就伟业。

人生多舛，世事艰难。这就是说，人生少不了逆境，少不了坎坷，少不了挫折。顺境常常是过去辛苦耕耘的结果，逆境也正是日后峰回路转、否极泰来的前奏。

总之，任何人，即使才高八斗，如果不懂得收敛自己，过分地张扬和显示自己的才华，都难免会遭到明枪暗箭的打击和攻讦。学会不参与纷争，静观其变，在暗中积极准备，这比积极地表现自己更能保护自己，更能避免更多不可预知的风险。

多看多听少说话，别轻易暴露自己

在古人看来，“大智若愚”是人际交往中的重要策略，真正聪明的人有才不外露，即使有大智慧、大志向也不必要昭告世人，暴露会让你成为别人进攻的“靶子”，隐晦才能帮你引开那些敌对的目光。

生活中，总是有那么一些人，他们一天情绪几乎没有任何波动，无论别人说什么，做什么，好像都与他没什么特别大的关系，即使遇到一些令人愤慨的事，他们也是睁一只眼闭一只眼。这种人低调行事的人，实际上才是真正的智者。

很久以前，有两个部落，他们之间发生了战争。结果一个部落被打败，胜利的部落首领决定杀死被打败部落里的 10 岁以上的所有男性族员，但有一个 14 岁的男孩却幸免于难。事情是这样的：

这个男孩虽然已经十几岁了，但看起来很傻、很愚钝，当首领将矛刺向他的时候，他仍然傻乎乎地看热闹，好像不知道对方是为杀他而来的，他不知求饶，更不知反抗和逃跑。于是，另外一名士兵动了恻隐之心。于是，这个男孩幸存下来了，他与其他 10 岁以下的男童，被当作未来的奴隶幸存下来。

但事实上，这个男孩并不是什么傻子，非但不傻，而且智慧超群，在他 29 岁的时候，他率领本族人最终杀败了他的仇敌，报了血海深仇。

可以说，这个小男孩就是因为隐藏好了内心，混淆敌人的视听，才让敌人“高抬贵手”，令自己生存下来。试想，如果当初不是他装出很愚钝

甚至傻乎乎的样子，早就被杀死了，哪来以后的报仇雪恨？可见，在与人交往的时候，适当地掩盖自己的实力，会避开对手的目光。因此，我们也应该明白，在你实力薄弱或者不了解对方的情况下，你应该学会隐藏自己，才能规避很多风险。

古今中外，过分张扬、锋芒毕露之人，不管功劳多大，官位多高，最终多数不得善终，这是血的教训：卖弄自己的本事和与众不同的地方，很可能会招来别人的厌恶，甚至可能会为此付出惨痛的代价。而如果你能懂得保护自己，迎合别人的需要说话、做事，会省去很多麻烦，职场中那些言语不多，但却能一鸣惊人的人，往往都很低调，他们一般在不被人关注的岗位上工作，很少与别人发生矛盾。

曾经有一位科学家做了这样一项调查研究：他研究的对象是一批受过训练的保险推销员。这位科学家把保险推销员中业绩最好的10%和成绩最差的10%作了一下对比，结果发现两者的业绩相差确实很大。那么，受过同等训练的人，为什么会产生如此大的差异呢？科学家又针对他们在推销时的说话时间作了调查研究，结果发现：业绩差的那一部分人，每次推销时的说话时间累计平均为30分钟，而业绩最好的那一部分人，每次推销时的说话时间累计平均只有12分钟。

为什么只说12分钟的推销员取得的业绩却比说30分钟话的人更好呢？

其实道理很简单，正因为他们说得少，所以他们听得也就多了。而在他们倾听的过程中，就会获得很多对于推销来说很有用的信息，并且，在他们倾听的同时，也可以思考、分析顾客各方面的信息，然后，他们就可以针对顾客的各种疑惑，揣测顾客内心的想法，从而找出解决问题的方法，这样一来，自然而然就会创造出更好的业绩来。

第6章

从容是以柔克刚的道行——人情练达无为而治

OOO OOO

《红楼梦》第五回中有这样一句话:“世事洞明皆学问,人情练达即文章。”真正做人的道理是要通过社会历练而来的,明代冯梦龙的《醒世恒言》中说:“可惜你满腹文章,看不出人情世故。”的确,身处社会中,我们都免不了要与人打交道。而在中国道家的处事之道中,无为而治被推崇为高明的智慧,这是一种以柔克刚的道行,从容为人的人往往左右逢源,交际中如鱼得水。

四两拨千斤，蛮干不如巧做

中华民族历来崇尚智慧，“四两拨千斤”即为一例。“四两拨千斤”是太极拳的核心招式之一，其精髓是“尚巧善变”，这不仅是中国武术的重要技术特色，也是一种灵活变通的思维模式。在当今社会，我们也应该有这种思维，学会四两拨千斤，把握细节，才能克敌制胜，在竞争中脱颖而出。

20世纪40年代，美国流传着一个小针孔造就百万富翁的故事：美国许多制糖公司把方糖运往南美洲时，都会因方糖在海运途中受潮造成巨大损失。这些公司花了很多钱请专家研究，却一直未能解决问题。而一个在轮船上工作的工人却用最简单的方法解决了这一难题：在方糖包装盒的角落戳个通气孔，这样，方糖就不会在海上运输时受潮了。

这个方法使各制糖公司减少了几千万美元的损失，而且不需要什么成本。这个工人专利意识十分强，他马上为该方法申请了专利保护。后来，他把这个专利卖给各大制糖公司，成了百万富翁。

而上面这个点子又启发了一个日本人，这个日本人想：钻孔的方法可用于其他许多方面，不光是方糖包装盒。他考察了许多东西，最终发现：在打火机的火芯盖上钻个小孔，能够大量延长油的使用时间，他凭着这个专利也发了财。

很多时候，成功仅仅在于一个小小的细节，故事中的两个人就是利用小小的细节，做到了四两拨千斤。注意细节，细心观察，就能“察人之未所察”，就能以小搏大，获得成功。

现今社会，竞争日益激烈，我们要想在竞争中不被人打败，就不能蛮干，而要巧干，就应该有灵活思维的习惯，而这种思维习惯的获得，需要我们长期培养。

那么,什么是“四两拨千斤”呢?它的真正含义:

1. 以柔对刚。避敌之锐,不以硬对硬,在随和中抓住有利瞬间击倒对方。

2. 借力。双方争斗,就是双方力与力的转换,落实,借敌之力乃与我之力合,对方之力反加其身,或变其力作用线,或虚其力作用点,或二者合一。这便是“机由己发,力从人借”。

“四两”之所以能够“拨千斤”,最主要的就是找准“用力点”,而且这是最有影响的点。找准这个点后,再发力时,就能起到“拨千斤”的效果。

一天,转了半天的推销员坐在公园的长椅上一边啃着干面包,一边读着报纸。突然,他眼前一亮。原来报纸上报道了总统的小花园的消息,他灵机一动,“腾”地站了起来。他回到家后,就立即写了这样一封信:

“亲爱的总统先生:

您的公园真是不错,但是草都已经长高了。我知道您工作实在太忙了,没时间打理,而您的妻子需要照顾孩子。我想,作为一个普通公民有义务代表所有公民为你做件事:一台除草机可以帮您减轻您和您妻子的负担……”

结果,总统看了这封信后,被他的话感动,于是就买下了一台。

这件事引起了强烈的震动,人们都知道了总统用的什么牌子的除草机。于是,这款牌子的机器一时间供不应求。结果可想而知,他收获了成功。

例子中,这位推销员的聪明之处就是,他让总统购买了自己的机器,从有影响力的人物开始打开销路,这就是四两拨千斤的作用。

要知道,世上没有做不成的事,只有做不成事的人。一个真正想成就一番事业的人,除了具有满腔热血外,还要拥有聪明的头脑和过人的智

慧,不意气用事,而是用理智的头脑分析局势,适时地转换观念,另谋出路。

同样,这个道理不仅适用于做事,也适用于做人。在错综复杂的社会中,从容一点,以柔克刚,这是为人处世的一种策略,也是一门学问。

难得糊涂,凡事不要太精明

在中国儒家的处事之道中,"大智若愚"被推崇为大智慧。在当今社会,会装傻的人往往左右逢源,处处如鱼得水,装傻是一种最高境界的交际哲学,装傻并非真傻,而是大智若愚。锋芒太露易遭嫉恨,更容易树敌,功高震主不知给多少下属巨子招致杀身之祸,假痴者可以迷惑对方,掩盖自己的真实才能,做个会装傻的明白人,才是上乘的交际之策。

所谓"花要半开,酒要半醉",在我们交际应酬时,即使你正处于人生的志得意满之时,也不可趾高气扬,目空一切,不可一世,也无论你有怎样出众的才智,也不要太过于自以为是,学会韬光养晦,赢得更融洽的人际关系。

与人交往的过程中,我们要懂得适时"装傻"的技巧,不暴露自己的高明,更不能纠正对方的错误。装傻可以为人遮羞,自找台阶;可以故作不知达成幽默,让别人放下心中的警惕和芥蒂,成功地攻破人心。

苏联卫国战争初期,德军长驱直入。在此生死存亡之际,曾在国内战争时期驰骋疆场的老将们,如铁木辛哥、伏罗希洛夫、布琼尼等,首先挑起前敌指挥的重担。但面对新的形势,他们渐感力不从心。时势造英雄,一批青年军事家,如朱可夫、西列夫斯基、什捷缅科等,相继脱颖而出。这中间,老将们思想上不是没有波动的。1964 年 2 月,苏联元帅铁木辛哥受

命去波罗的海，协调一二方面军的行动，什捷缅科作为他的参谋长同行。什捷缅科早知道这位元帅对总参部的人抱怀疑态度，思想上有个疙瘩，心想："命令终归是命令，只能服从了。"等上了火车，吃晚饭时，一场不愉快的谈话开始了，铁木辛哥先发出一通连珠炮："为什么派你跟我一起去？是想来教育我们这些老头子，监督我们的吧？白费劲！你们还在桌子底下跑的时候，我们已经率领着成师的部队在打仗，为了给你们建立苏维埃政权而奋斗。你军事学院毕业了，自以为了不起了！革命开始的时候，你才几岁？"这通训，已经近乎侮辱了。但什捷缅科却老实地回答："那时候，刚满十岁。"接着又平静地表示对元帅非常尊重，准备向他学习。铁木辛哥最后说："算了，外交家，睡觉吧。时间会证明谁是什么样的人。"

他们共同工作了一个月后，在一次晚间喝茶的时候，铁木辛哥突然说："现在我明白了，你并不是我原来认为的那种人。我曾想，你是斯大林专门派来监督我的……"后来什捷缅科被召回时，心里很舍不得和铁木辛哥分离。又过了一个月，铁木辛哥亲自向大本营提出要求，调这个晚辈来共事。

长江后浪推前浪，这是理所当然的事，但作为老将的铁木辛哥心中自然不好受，这也是可以理解的事，面对铁木辛哥的发难，什捷缅科在受辱之时装憨相，过了铁元帅关，体现了后生的谦卑及对老人的尊重，是大智若愚的表现。懂得装假者绝非傻子，憨厚有时是最高智慧者才能为之。许多时候，要想受到别人的敬重，就必须掩藏你的聪明。

当然，除了大智若愚以外，我们还可以睁一只眼闭一只眼，揣着明白装糊涂，这是一种大智慧。在交际活动中，语言的功效固然不容置疑，但是很多时候单凭言语难以说服对方，采用交际情境表义，睁一只眼闭一只眼，采用一些"虚张声势"的小计谋，常可以产生言语不能达到的效应，这

是聪明人的装傻哲学。

看《三国演义》，我们不难发现，刘备死后，诸葛亮好像没有大的作为了，这是诸葛亮韬光养晦之道。

刘备死后，诸葛亮不像刘备在世时那样锋芒毕露。在刘备这样的明君手下，诸葛亮是不用担心受猜忌的，因此他可以尽力发挥自己的才华，辅助刘备。刘备死后，阿斗继位。刘备当着群臣的面说："如果这小子可以辅助，就好好扶助他；如果他不是当君主的材料，你就自立为君算了。"诸葛亮顿时冒了虚汗，手足无措，哭着跪拜于地说："臣怎么能不竭尽全力，尽忠贞之节，一直到死而不松懈呢?"说完，叩头流血。刘备再仁义，也不至于把国家让给诸葛亮，他说让诸葛亮为君，怎么知道没有杀他的心思呢？因此，诸葛亮一方面行事谨慎，鞠躬尽瘁，一方面则常年征战在外，以防授人把柄。而且他锋芒大有收敛，故意显示自己老而无用，以免祸及自身。

收敛锋芒是诸葛亮的大智慧，不然就有功高盖主之嫌，还会遭人猜忌，这也是一种明智的装傻哲学。交际应酬中，你不露锋芒，可能得不到他人的关注和重视；但你锋芒太露却易招人嫉妒。虽容易取得暂时成功，在众人面前露了脸，却为自己掘好了坟墓。当你过分施展自己的才华时，也就埋下了危机的种子，很容易被人当成"活靶子"。

所以，当今社会，交际应酬中，我们显露才华要适可而止，适当的时候装装傻。当然，装傻也是需要很好的演技的，否则，如果没有掌握得恰到好处，反而会弄巧成拙，这就考验到我们见机行事的能力！聪明的人会故意装傻，交际中给自己留有余地，运筹帷幄周围的人和事！

可见，会装傻的人才是真聪明。我们在与人交往的过程中，切忌锋芒毕露，要学会圆融处事，要学会半开半合，微醉微醒，做个会装傻的明白人！

圆润通融做事胜过针锋相对

生活中,我们经常会遇到与他人意见不同甚至立场完全不同的情况,面对这种情况,有些人还没有弄懂人家的真实想法,就这也批评那也指责,甚至进行人身攻击式的全面否定,而很明显,这些人是被排除在“人际关系良好者“之列的,甚至招人厌恶,因为人人都有渴望被肯定,憎恶被否定的心理。我们来看下面一例:

小张在一家软件公司工作,从进公司的时候,就一直在销售部工作。在一次销售大会上,同事小李谈了一些自己对当前软件销售前景的看法,并提了一些具体的建议,而这些建议与小张一项采取的销售策略和主张都是截然不同的,小张自然很生气。心直口快的小张丝毫不隐瞒自己的观点,在会上慷慨激昂地进行反驳,以他从市场调查得来的第一手资料,说得小李面红耳赤,哑口无言。

事后,小李一直怀恨在心,慢慢地,他把小张当成了敌人,奇怪的是,小李也真神通广大。后来领导一纸调令,小张被“流放”到仓库去当管理员了。

这次会上,小张为逞口舌之快,实话实说,否定了小李的观点,让小李丢了颜面,导致小李经常在领导面前说他心高气傲,目中无人,小张被流放也就不足为奇了。

生活中,因为说话不给人留情面,总喜欢否定别人而给自己造成窘境的例子,随处可见。其实,细心观察你会发觉也许错误在你这一边,你的观点不一定都与事实相符。而即使你的观点是正确的,又如何?因为与他人针锋相对会让你失去一个朋友,多一个敌人,岂不得不偿失?这大概就是人们说的“与生活讲和”。在人际交往中,让步是一种常用的处理问

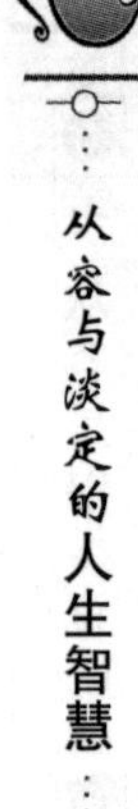

题的方式。让步不是懦弱的表现，而是一种修养。让步其实只是暂时的退却，为进一尺有时就必须先做出退一寸的忍让，为避免吃大亏，就不应计较吃点小亏。况且有时听取了别人的意见，反而会使自己受益无穷。

当然，有时候，我们也会遇到他人故意针对我们的情况，但无论如何，圆润通达绝对胜过针锋相对。

有一位聪明的那先比丘，从他的事迹中，可以知道他是一个绝顶聪明的人。

一次，弥兰陀王故意要为难那先比丘，就诘责他说："你跟佛陀不是同一个时代，也没有见过释迦牟尼佛，怎么知道有没有佛陀这个人？"

聪明的那先比丘就反问他说："大王，您的王位是谁传给您的呢？"

"我父亲传给我的啊！"

"父亲的王位是谁传给他的？"

"祖父。"

"祖父的王位又是谁的？"

"曾祖父啊！"

那先比丘继续问："这样一代一代往上追溯，您相不相信您的国家有一个开国君主呢？"

弥兰陀王回答："我当然相信！"

"您见过他吗？"

……

这里，那先比丘面对弥兰陀王的为难，他并没有生气，也没有立即反驳，而是采用类比法，让对方的观点不攻自破。

那么，与人交往的过程中，遇到与他人意见相左的时候，我们该如何避免针锋相对呢？

第一，理解别人，体贴别人。

盲目地否定别人的意见，许多时候只是因为对别人的排斥。如果能够做到理解别人、体贴别人，那么就能少一分盲目。为此，我们要善于发现别人的见解的独到性，只有这样，才能多角度地看问题，那么你就会发现固定在某一个立场上。因此，无论何时都要注意，别听到不同的观点就怒不可遏。

第二，大动肝火前要先考虑后果。

我们每每做出一种论断的时候，尤其是针对别人的时候，我们最好想想，自己将要给人家的这种论断有助于解决问题吗？还是火上浇油，甚至是雪上加霜呢？我们能不能不总是批评别人，转而多提些建设性的意见呢？

第三，多肯定别人。

行为科学中有一个著名的“保龄球效应”：两名保龄球教练分别训练各自的队员。他们的队员都是一球打倒了 7 只瓶。教练甲对自己的队员说：“很好！打倒了 7 只。”他的队员听了教练的赞扬很受鼓舞，心想，下次一定再加把劲，把剩下的 3 只也打倒。

教练乙则对他的队员说：“怎么搞的？还有 3 只没打倒。”队员听了教练的指责，心里很不服气，暗想，你咋就看不见我已经打倒的那 7 只。

结果，教练甲训练的队员成绩不断上升，教练乙训练的队员打得一次不如一次。

这一效应告诉我们，在相同的现状下，转换一个角度说话，就会对他人产生不同影响。每个人都希望得到他人的肯定和赞赏，这也是每一个人的正常心理需要。而面对指责时，不自觉地为自己辩护，也是正常的心理防卫机制。

第四，说话不可太绝，要留有余地。

说话不留余地，就会把人逼上绝路。因为凡事总有意外，留有余地，

就是为了容纳这些意外,以免自己将来下不了台。

当然,不否定他人并不是毫无原则的,一味地逢迎,反倒会引起别人的反感。因此,我们要把握好说话的分寸,管住自己的舌头,知道什么该说,什么不该说,该说的时候说得恰到好处,你的话才不会惹恼他人,你才会有更加良好的人际关系!

灵巧示弱,互惠互利成全双方

我们都知道,同情弱者是人的天性,再铁石心肠的人,内心也有颗同情的种子。现代社会,无处不存在人与人之间利益的交涉。在利益面前,我们同样应该抓住人们的这一共性心理,在言语上适当示弱,在对方放松警惕时,再提出我们的要求,完成交涉目的也就容易得多。

汽车巨头亨利·福特公司的业务很忙。他们的桌子上总是堆满了各种催账单。福特每次都是大概看一眼后,就把账单扔在桌子上,对经理说:"你们看着办吧,我也不知道该先付谁的好!"

但是有一次,他从一大堆的催账单中抽出一张对财务经理说:"马上付给他!"

这是一张传真来的账单,除了列明货物标的、价格、金额外,在大面积空白处还画着一个头像,头像正在滴着眼泪。

"看看,人家都流泪了,"福特说,"以最快的方式付给他吧!"

谁都明白,这个催帐人并非真的在流泪,他之所以急着催帐,可能另有苦衷或急需资金,他的几滴眼泪迅速引起对方重视,以最快的速度要回了大笔货款。看来,这眼泪的威力实在不可小看啊!

当然,现代社会,与人交涉,并不是说凡事都要摆出一副可怜兮兮的样子,掉几滴泪。而是说,我们应该调动听者的同情心,使对方首先从感

情上与你靠近,产生共鸣。这就为你问题的解决与事情的办成打下了基础。人心都是肉长的,只要我们能适度示弱,对方是会动心的。

有位教师,教学科研成绩突出,各项条件具备,但职称总评不上,原因是他与校领导关系不好。此君上告到上级主管领导处,虽然竭尽所能让领导引起对自己处境的同情,但仍收效不大,这位领导听后反而推辞说:“评不上是你学校的问题,学校不上报,我又有什么办法?”此君早有心理准备,立刻说:“如果学校能解决,我就不会来麻烦您了。我是逐级按程序反映。您是上级领导,而且又主管这方面的工作,下面在这方面出了问题,您是有权过问的。如果您不及时处理,出现更大麻烦,那就晚了。我想,只要您肯过问,您的意见学校会听的。”这番话很奏效,这位领导很快改变了态度,事情最终得以解决。

这位教师求上级办事之所以成功,是有其一定的技巧的。他的一番话的言外之意是:“处理此事是您的责任,如果你不过问就是失职,那么,我还会向更高的上级领导反映,那时,您可就被动了。”虽然是示弱,但却显得不卑不亢,让对方不得不处理此事。

可见,我们所说的示弱并不是真的在示弱,也并不是非得以眼泪才能博得对方的同情,只不过是一种说话的技巧,以达到你的目的。在生活中,我们常常会听老人们这样说:“软刀子更扎人!”也就是说,无论是求人办事还是谈判,我们都要学会会硬化软说,同时,我们的态度要不卑不亢。

那么,我们该怎样用语言示弱,从而操控对方的同情心呢?

第一,扬人之长,揭己所短。

这一心理策略的目的是使交易重心不偏不倚,或使对方获得一种心理上的满足,从而达到目的。

有个人非常善于做皮鞋的生意,在相同的时间里别人卖一双,他就可

以卖几双。一次谈话中别人问他生意有何诀窍，他笑了笑说："要善于示弱。"

接下去他举例说："有些顾客到你这里来买鞋子，总是东挑西拣到处找毛病，把你的皮鞋说得一无是处。顾客总是头头是道地告诉你哪种皮鞋最好，价格又适中，式样与做工又如何精致，好像他们是这方面的专家。这时，你若与之争论毫无用处，他们这样评论只不过想以较低的价格把皮鞋买到手。这时，你要学会示弱，比如，你可以恭维对方确实眼光独特，很会选鞋挑鞋，自己的皮鞋确实有不足之处，如式样并不新潮，不过较稳罢了，鞋底不是牛筋底，不能踩出笃笃的响声，不过，柔软一些也有柔软的好处。你在表示不足的同时也借此机会从侧面赞扬一番这鞋子的优点，也许这正是他们瞧中的地方，可以使他们动心。顾客花这么大心思不正是表明了他们其实是很喜欢这种鞋子吗！善于示弱，满足了对方的挑剔心理，一笔生意很快就成功。"这就是他卖鞋的妙招。

这里，这位商人之所以能生意兴隆，主要就是他抓住客户爱挑剔的心理，懂得示弱。客户挑剔鞋子，实际上是满意鞋子存在的某些优点，如果我们面对客户的挑剔采取反驳的态度，可能就失去了一个客户。

第二，说话要有耐心。

人们经常因为没有花时间系统地质疑自己的先入之见，而身陷糟糕的境地中。心理学家把这种急切的心态称为"确认陷阱"——他们没有去寻找支持自己想法的证据，同时又忽视了那些能证明相反意见的证据。

而从对方的角度看，我们说话越是有耐心，他们越是能看出我们的素质和修养，也自然更愿意与我们合作。

总之，在争取合作的交涉中，我们若想让谈判结果朝着我们希望的方向发展，就需要学会用"情"说话，让对方心服口服，比用尽心机让对方屈服的效果要好得多。

婉言拒绝，不令他人难堪

“助人为快乐之本”是人人都知道的一句格言。生活中难免会遇到这样的情况，亲人、朋友、老乡、同事甚至是陌生人，有时会向你要求一些事情，而这些要求有的根本就不合理，有的超过了你的能力范围，总而言之，你的内心是不情愿的。但是，却担心别人会因此而不高兴，甚至会影响到日后双方的交往，那么，此时，你就必须大胆地拒绝别人，但无论拒绝的对象是谁，我们都要尽量从对方能承受的心理范围内出发，巧妙加以拒绝。

总之，否定和拒绝有一条原则，就是在不误解意思的情况下，尽量少用生硬的否定词，把话说得委婉一点，从而不令他人难堪。在非原则性问题上，又能够使对方听出弦外之音，彼此和和气气。因此，在拒绝他人时，这是一种很好的方法，不仅能达到拒绝别人的目的，而且还不伤和气。

曾有个野心勃勃的军官一而再、再而三地请求首相狄斯累利加封他为男爵。狄斯累利知道这个人才能超群，也很想跟他搞好关系。但军官不够加封条件，狄斯累利无法满足他的要求。有一天，狄斯累利把这位军官单独请到办公室里。于是，首相就对这位军官说：“亲爱的朋友，很抱歉我不能给你男爵的封号，但我可以给你一样更好的东西。”

随后，狄斯累利放低声音地说，“我会告诉所有人，我曾多次请你接受男爵的封号，但都被你拒绝了。”

这位军官按照狄斯累利的建议做了，这个消息一传出，很多人都称赞这位军官谦虚无私、淡泊名利，对他的礼遇和尊敬远远超过任何一位男爵。军官得到了良好的评价，因此，他对狄斯累利由衷地感激。后来，这位军官就成为狄斯雷利首相最忠实的伙伴和军事后盾。

这里，狄斯累利拒绝军官的方式是巧妙的，既不让对方感到难堪，还让对方成为自己重要的支持者，真可谓一举两得。

我们都希望能帮助他人，但当别人前来要求协助时，难免会遇到自己力不从心的时候。想做个有求必应的好好先生并不容易，人们的要求永无止境，往往是合理的、悖理的并存，如果当面你不好意思说"不"，轻易承诺了自己无法履行的职责，将会带给自己更大的困扰和沟通上的难度。一部分不敢对他人说出"不"字，也是有一定的心理原因的——当我们遇到他人对自己提出的要求时，有好大一部分会感觉为难，拒绝又担心对方认为自己不够意思，接受又感觉难兑现。此矛盾的深层次问题存在于自己往往未能形成一个系统的处事原则，即何事我必须要做，何事我可以选择去做。必须要做的事，一定要尽力为之；而面对无能为力的事情时，就必须要采取拒绝的方式了。

的确，拒绝就意味着将对方拒之门外，拒绝了对方的一片"好意"，有时会让对方很难堪。而如果我们能根据不同的场合和对象进行考虑，委婉地拒绝，或以情动人地说出理由，或先赞美对方再否定，或为对方寻求更好的解决方法，那么，即使是拒绝，对方也会感觉到你的情义。

的确，人们拒绝他人的方式是多种多样的，或是力不能及或是爱莫能助等等，如果你不想因为拒绝而搞坏你与对方的关系，那么，你就不妨在你的拒绝的语言中加入点情感的因素，那要注意做到以下几点：

第一，口气要平缓。

虽是给于对方拒绝，但交流时的口气要尽量平缓些，不要太强硬，当然，面对那些公认的无理要求，则另当别论。

第二，设法向对方传递你虽帮不了他但你还是为他遇到的问题感觉着急，并在内心里希望他能解决这个问题这样一种信息；而非"事不关己"之意甚至是"隔岸观火"之态。

第三,作好解释。

用真诚的陈述告诉对方,自己因哪些因素而不能帮他。是帮不了或不便帮,而非不愿帮。

第四,如果还有可能,再加上这一点。那就是给出你的建议或解决办法。

总之,对于一些你自己帮不了但你又确实给出通过其他途径能达成问题解决这一目标的时候,你要站在对方的角度,围绕问题本身,帮他找办法,并给出你的建议,供他参考。只要你的建议质量够高,对方在没能得到你的亲自帮助的前提下,同样会对你心生感激之情的,至少不会怀疑你对他的诚意。

用你的宽宏化解他人的误会

人与人相处的时候,难免会产生一些误会。我们千万不能小瞧误会,它随时可能吞噬掉你周围的一切,甚至你自己。因为误会,可能会让别人误解自己的人品,让自己成为大家背后指指点点的对象;因为误会,可能和同事引起工作上的分歧,造成集体和个人无法估量的损失;因为误会,可能会让多年志同道合的朋友分道扬镳;因为误会,可能会让如胶似漆的恋人劳燕分飞……可见,误会常常会给别人带来痛苦,造成伤害,也给自己带来伤痛。所以,我们不能随便误解别人,一定要了解情况后再下结论。被别人误解后,也一定要宽宏一点,并及时寻找机会,解释清楚。让误会少一些,快乐就会多一些。

而现实生活中,很多坚持自己所谓的"走自己的路,让别人去说吧"这一观点,结果造成误会越来越深,破坏了友谊,毁坏了人际关系。其实,仔细想想,这是不是得不偿失呢?你并没有做什么违背道义和做人原则

的事，但在对方心中，却给你贴了一个负面的标签。其实，误会的产生是因为信息不对称造成的。人与人之间产生误会并不是什么大不了的事，“面子害死人”的故事已经屡见不鲜，何必为了所谓的面子，而伤害你们彼此间的关系呢？相反，解开误会，除了能让彼此心中豁然开朗以外，还能增加信任和友谊。

我们来看看下面的寓言故事：

从前，有个七十多岁的老汉，他家养有几头黄牛。老人家年事已高，别无所求，只求每年那头母黄牛能为他生一头小牛仔，这样他就可以每年卖一头黄牛了，这也是老汉的主要收入来源。

可没想到的是，有一年开春后老汉家竟走失了一头两年三个月大的小牛犊。这让老汉心急如焚。为了牛，他起早贪黑到处寻找，夜里也翻来覆去地想着这头走失的牛。

梅雨季节来临后，村子里总是不停的下雨。有一天傍晚，老汉在一个牛栏里看到一头小牛很像自己走失的那头牛。于是他找到了牛栏的主人张三，说：“兄弟，我的牛走失了，原来是跟了你的牛。”张三一听，感到很奇怪，自己家的牛怎么会是老汉的呢？但老汉坚持是自己的牛，于是，两人开始争吵起来，要不是看老汉年事已高，张三真差点打了老汉。

这时候，大家请来了村长劝架、老汉和张三也静下来了。老汉和张三都将心中的疑问一五一十地说了。村长一听后，基本上明白了事情的原委，只是，他追问了一句：“老人家，你的牛有什么特征没？”老汉说了一些其他所有牛都有的特征，并不能说明问题，村长又问他牛多大了，老汉说一个月大，村长一听，马上就解开了谜团，他说：“这头牛是张三的。”大家很诧异，村长接着说：“老人家的牛是两个月前走丢的，也就是说，现在已经三个月大了，而很明显，张三的牛才一个月大。”

老汉一听，果真有理，于是，老汉向黄某道歉后，张三说话的语气也缓

和了。自打那次以后，张三和老汉的关系变得很亲密，没事就串门，时间一长，两人犹如父子一样，被村里人称赞。

这是有个温馨的故事，故事中的老汉和张三之间就存在误会，但在村长的帮忙下，两人的误会解开了：老汉之所以认为张三的牛是自己的，是因为他没有用发展的眼光看问题，牛是会长大的。而解开误会后的张三和老汉之间却因此而联系紧密了，可谓是由怨转喜。

因此，生活中，当你与人产生误会以后，不要憋在心里，更不要碍于面子不进行辩解以至于误会越来越深，不妨采取一些措施，为自己进行恰当的辩解，那么，我们具体应该怎么做呢？

第一，找出被误解的原因。

造成误解主要有几种原因：表达信息或说明某些事情时言词不足；不管什么事，都顾虑过多，过分小心翼翼，从不发表意见；如果在公众场合，你衣冠不整，言谈举止不拘小节，会让周围的人产生不好的印象，且会造成误解；纵然是玩笑话，若造成对方的不快，会导致意想不到的误解；或者是一句安慰、感激的话，如果对方接受的方式不同，也可能会变成误解……

对此，你必须下一番功夫内查外调，搞清楚对方的误解源于何处，否则任凭你费多少口舌，也不会解释清楚。搞不好，还会越描越黑，弄巧成拙。

第二，消除自我委屈情绪。

出现误会后，不为自己辩解，总为自己正确、有道理，不被理解。心中怀有委屈情绪的人，必定不愿开口向对方作解释，这种情况阻碍彼此间的交流。总之，应多替对方着想。无论他是气量小，心胸窄，还是不了解真相，不了解你的一番苦心，都不必去计较，只要你真诚地向他表明心迹，那么，误会便会消失。

第三,鼓起勇气,当面说清。

人都有脆弱的一面,遇到问题不敢当面对质,结果把问题搞得极为复杂。记住,如果有误会需要亲自向对方说明,千万不要找各种借口推脱,克服困难才能战胜自己,想方设法当面表明心意。

第四,态度要诚恳。

本来,彼此之间就已经存在误会,要想消除误会,首先你就要表现自己诚恳的态度。诚恳具有感召、感化、感动的效果。态度是否诚恳,对方一下子就能看出来,如果是虚情假意,别人会更加警觉,心理抵触情绪更大。

当然,为了不造成这不必要的损失,你要尽量避免误会的产生,不要轻易地误解他人,也尽量不要被别人误解。

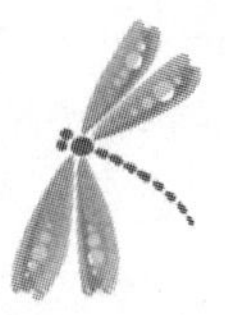

下篇 多一丝淡定，少一分负累

第7章

淡定是饱经世事的心态——宠辱不惊笑看人生

《幽窗小记》里面有这样一幅对联：宠辱不惊，闲看庭前花开花落；去留无意，漫随天外云卷云舒。寥寥数语，却深刻道出了人生对事对物、对名对利应有的态度：得之不喜，失之不忧，宠辱不惊，去留无意。现代社会中的我们，也应该拥有这样一份饱经世事的心态，才可能心境平和、淡泊自然。只有做到了宠辱不惊，方能心态平和，恬然自得；只有做到了去留无意方能达观进取，笑看人生！

世事无常，唯有心定方能成大事

生活中，我们常希望自己和他人“万事如意”，但这也只是我们美好的愿望，事实上，世事多变，雨雪风霜，人生中有许许多多我们始料不及的事情。如果我们希望成就一番事业，就必须做到内心淡定，始终朝着目标前进。很多成功者在经历种种坎坷后，回望身后的辛酸血泪之路，都会发现，内心淡定的人才是最后的赢家。

从前，有一个养蚌人，他想培育一颗世界上最大最美的珍珠。

这天，他来到大海边挑选沙粒。他问遇到的沙粒，它们愿不愿意经过磨练变成珍珠。这些沙粒一听，变成珍珠要经受很多痛苦，没有阳光雨露，没有空气，远离海洋，就都摇头。

养蚌人一次次被拒绝，他都快绝望了。可就在这时，有一粒沙子答应了。因为，它一直想成为一颗珍珠。旁边的沙粒都嘲笑它，说它太傻。但这颗沙粒还是坚持和养蚌人走了。

一转眼，几年过去了，那粒沙子已经长成了一颗晶莹剔透、价值连城的珍珠，而曾经嘲笑它的那些伙伴们，有的依然是海滩上平凡的沙粒，有的已化为尘埃。

事实上，我们成长成才的过程又何尝不像这颗珍珠呢？你忍耐着，坚持着，当走完黑暗与苦难的隧道之后，就会惊讶地发现，平凡如沙子的你，不知不觉中已长成了一颗珍珠。

宠辱不惊的人在面对生活的得意和失意之时都会有一种淡然的心态，会懂得如何对待与处理问题。

首先，他会明确自己的生存价值，能够以这样的格言来勉励自己：“由来功名输勋烈，心中无私天地宽。”一个人若心中无过多的私欲，又怎会患得患失呢?

其次,他会认清自己所走的路,不过分在意得失,不过分看重成败,不过分在乎别人对自己的看法。他会坚信:只要自己努力过,只要自己奋斗过,做了自己喜欢做的事,还有什么心里放不下的呢?诚然,有时候,我们会遭遇一些命运的挫折,但除了认清事实、勇敢接受外,我们还必须努力改变现状,争取走出困境,争取美好的生活。当然这个过程,必定是个经受痛苦的过程,因此,保持一份平常心就尤为重要,否则,就会永远在痛苦中打转,找不到解脱的光明之路。

人的一生,会遇到成功,也会遇到失败,有一帆风顺的惬意,也有遭受挫折的沮丧,有不期而至的欣喜,也有排遣不去的惆怅,曲曲折折,是是非非,如何面对,关键是心态问题,适时调整好自己的心态,,真正做到去留无意,也不是一句话的事。

首先,我们需要拥有一颗感恩的心,善于发现事物的美好,感受平凡中的美丽,以坦荡的心境,豁达的胸怀来应对生活中的每一份酸甜苦辣,让原本平淡乏味的生活焕发出迷人的色彩,那时你会发现,磨难与逆境也不过是飘来的“浮云”。其实,挫折也是人生的一笔财富。没有挫折的人生,从某种意义上来说是黯然失色的。说“挫折是人生的财富”,最主要的一点是挫折会让我们变得聪明,变得坚强,变得成熟,变得完美。当然,这需要我们经得住挫折。

其次,我们需要拥有一份平常心。人生不可能总是大红大紫,不可能总是处于巅峰状态,也有可能处于低谷,也可能遭遇不顺,这就是人生。但总的来说,人生是平淡的,对待平淡的人生,我们也应该让自己的心静下来。懂得了这个道理,得意时你才不会猖狂;失意时你才不会绝望,孤独时你才不会心情惆怅。

总之,如果你能在荣辱面前泰然处之,在思想修养和意志磨练上下功

夫，勤勤恳恳工作、实实在在做人，便能做到“荣辱不惊，闲看庭前花开花落；去留无意，漫随天外云卷云舒”，漫漫人生，必将少去许多烦恼，增添几多欢乐。

把心放平，低调为人处事

中国有句俗语：“低调做人，高调做事”，这其中的“低调做人”就是一种心态淡然的体现。

美国曾有位总统，为了庆祝自己连任，他曾向社会开放白宫，这天，他接见了前来参观白宫的一百多位小朋友。

一位叫约翰的小朋友问：“你小时候哪一门功课最糟糕，是不是也挨老师的批评？”

“我的品德课不怎么好，因为我特别爱讲话，常常干扰别人学习。老师当然要经常批评的。”总统告诉他说。

总统的回答使现场气氛非常活跃。

约翰问完后，一个叫玛丽的小女孩说：“我每天都不愿意去上学，因为我怕在路上遇到坏人。”

此时，总统收起笑容，严肃地说：“我知道现在小朋友过的日子不是特别如意，因为有关毒品、枪支和绑架的问题，政府处理得不理想，我希望你好好学习，将来有机会参与到国家的正义事业之中。只有我们联合起来和坏人作斗争，我们的生活才会更美好。”

总统告诉小朋友们，自己的过去和他们一样，也常被老师批评，但只要经过自己的努力，也会成长为有用的人。总统在认同小朋友对社会治安担心时，还鼓励小朋友参与正义事业，因为那样正义者的力量会更大。

总统放低姿态的谈话方式使小朋友们发现，总统和他们之间没有任何距离，也像他们一样是普通人，是可亲近的、可以信赖的“大朋友”，从而紧紧抓住了小朋友的心。即使场外的大人们看到这样的对话场面，也会感到总统是一个亲切的人。

相反，我们的周围，总是有一些人，他们确有实才，但却不懂得为人处世之道，让人觉得狂妄自大，因此别人很难接受他的任何观点和建议。他们多半都想表现自己，显示自己的优越感，但却常常适得其反。妄自尊大，高看自己，小看别人的人总会引起别人的反感，最终在交往中使自己走到孤立无援的地步，失掉了在朋友中的威信；而那些谦让而豁达的人总能赢得更多的朋友。

从前，有个很出名的画家。

这天，他闲来无事，和弟子一起去画廊看画。看到有客人来，画廊一位漂亮的小姐出来接待。他们一路看，小姐都紧随其后，为其介绍。

这时，画家在一幅画面前停了下来，他开始细细地读画上题的诗句。但这幅画上的诗句是用草书写的，画家读到一处，便停下了，皱着眉琢磨一个认不出的字。就在这时候，那个画廊的漂亮小姐开口了：“您看不出来啊！是意思的意嘛！”只见画家脸色一整，沉声骂道：“这里有你多嘴的份儿吗？”跟着一转身，怒气冲冲地走出了画廊。

画廊小姐的错误之处在于急于表现自己，让画家没面子，因为爱出头而造人嫉恨。

在这个错综复杂、五彩缤纷的世界上，不同的人有不同的命运，有的人一生乐观豁达、与世无争，他们谦虚好学，平步青云，一路欢乐，让人赞扬和钦佩；有的人则骄傲自满、处处受阻，最终导致郁郁寡欢，碌碌无为，抱恨终生，遭人非议、鄙视、唾弃。很明显，我们都愿意做前者。其实，这两种人生境遇的差异，究其原因，是因为做人“调”的不同，低调做人是一种生存的大智，是一种韧性的技巧，是做人的一种美德。

不失生活的热情

有人说，生命就像一次旅行。在这段旅行中，我们会遇到艰难险阻，会遇到暴风骤雨，会遇到阳光灿烂，会邂逅美丽风景，会遭遇荆棘丛生，但无论如何，只要我们和自己的心灵有约，就会以全身心拥抱生命，即使饱经风霜，我们依然对生命充满热情，感悟生命中的点点滴滴；更要感受到生命之旅中，那些沉重的雨点扑向大地时所带来的震撼和激情。的确，夕阳落下了还有明天；鲜花落下了还有果实；青春落下了还有阅历。只要你会驾驶，帆落了还有桨；只要心中充满希望，月亮落下了，还会升起太阳。

对生活充满热情，我们的旅途就会时时处处生长着绿意和生机，我们的生命就会无与伦比的美丽。

有这样一个年轻人，他认为自己已经看破红尘，于是，他什么都不干，每天只是懒洋洋地躺在树底下。

有一个智者见到此景，想开导他，于是就问他："年轻人，你年纪轻轻的，怎么不去工作、赚钱？"

年轻人说："没意思，赚了钱还是要花掉。"

智者又问："你怎么不结婚？"

年轻人说："没意思，现在多少离婚的！"

智者说："你怎么不交一些朋友？"

年轻人说："没意思，交了朋友弄不好会反目成仇。"

智者给年轻人一根绳子说："那这样吧，你干脆用它了结生命吧，反正也得死，还不如现在死了算了。"

年轻人说："我不想死。"

智者于是说:“生命是一个过程,不是一个结果。”年轻人幡然醒悟。

这就叫“一句话点醒梦中人”。一个年纪轻轻的人,却变得老态龙钟,什么都不愿尝试,对生活失去热情,这样的生命还有什么意义呢?安诺德曾说:“世界上最糟糕的事,莫过于人类丧失了他的热情。只要仍保有热情,即使失去了一切,他仍旧能够东山再起。”热情的原义是“神在其中”,我们原本都拥有它,而我们应该做的,便是使它重燃再现。

生命是一个过程,不是一个结果,如果你不会享受过程,结果也没有任何意义。生命是一个括号,左边括号是出生,右边括号是死亡,我们要做的事情就是填括号,要争取用精彩的生活、良好的心情把括号填满。

怎么享受生命这个过程呢?把注意力放在积极的事情上。生命如同一场旅行,记忆如同摄像,态度决定选择,选择决定内容。

因此,每天清晨,当我们起床后,都应该给予自己积极的心理暗示。有时候,如果你在内心告诉自己,我是健康的、积极的,那么,你就会健康、积极起来。假装热情,你也就会变得热情起来。然后照照镜子,给自己一个微笑,永远用你漂亮的面容,温暖而热情地对待你的家人。别忘了,是你主宰了你的家庭生活,你可以让每一天都光辉灿烂,也可以让每一天都阴暗忧郁。

曾经有一位演说家,很会鼓舞人心。

一次,他到一家大型公司为员工们演讲,但就在他即将飞往这家公司时,班机却出现了一些故障,不得不停飞,于是,他辗转其他航线,终于抵达目的地。为此,主持人不得不打乱演讲人的顺序。但主持人极为不明白的是,这位演说家却在后台不断地跳上跳下,还一直捶打自己的胸膛。当主持人介绍完这位演说家后,演说家跑上台,作了一次非常精彩的演讲。午饭时间,主持人与演说家一起用餐,他说:“你知道吗?你简直快把我吓坏了,你出场前在后台究竟在做什么呀?”他回答说:“激励他人是我的工作，而且，我每天都在做。但在某些日子里，我实在打不起劲儿来，就像今天。我在后台只是‘做出’热情的样子，然后我就会变得热情有劲了。”

从这个例子中，我们可以学到很重要的一点：每天都充满热情，不但自己受益，还能感染他人，从而使他们和我们一样，享受积极而快乐的生活。

总之，无论我们经历过什么，从今天起，都要做个简单的人，踏实务实，不沉溺幻想，不庸人自扰。积攒热情的力量，要快乐，要开朗，要坚韧，要温暖，永远对生活充满希望，对于困境与磨难，微笑面对。

心无邪念，正直坦荡地做人

中国人自古把人分成二类：一君子，一小人。二者泾渭分明，难以混同。君子与小人有很多的划分标准，但在人们眼中，是否正直、坦荡则是最重要的标准之一。当一个正直坦荡，让人尊敬有加的君子，是做人的最高境界。的确，做人要正直、做事要正派，堂堂正正，才是立身之本、处世之基。身正不怕影斜，脚正不怕鞋歪，身正心安魂梦稳。品行端正，做人才有底气，做事才会硬气，心底无私天地宽，表里如一襟怀广。心术不正、口是心非，用心计，耍手腕，当面一套，背后一套，台上说君子言，台下行小人事，必惨淡收场。所以，做人一定要走得直，行得正，坐得端，一定要问问自己是否正直、公道。

在人类几千年的文明历史进程中，我们的先哲们在谈到正直为人时积累了许许多多的至理名言，给我们树立了做人的典范。孔子讲：“君子坦荡荡，小人常戚戚”。莎士比亚说：“世上没有比正直更丰富的遗产”。普柏说：“正直的人是神创造的最高尚的作品”。我国唐代的魏征以正直

谏言而被君王称为自己的一面镜子。开国元帅彭德怀不畏名利、顶着危险敢上万言书;共产党员张志新报定信念宁死不屈;科学家李四光不服定论,硬是在北纬四十度以上找到大庆油田,为新中国建设立下赫赫功勋。因此,做一个正直的人不仅是个人发展的需要,更是社会进步的呼唤。

在正直的人心中,似乎有一种内在的平静,使他们能够经受住挫折甚至是不公平的待遇。

亚伯拉罕·林肯曾参加1858年参议院竞选活动,他坚持要发表一次演讲,但这次演讲却对他的竞选有负面作用,为此,他的朋友劝他不要发表。对此,林肯的态度是:"如果命里注定我会因为这次讲话而落选的话,那么就让我伴随着真理落选吧!"他是坦然的。他确实落了选,但是两年之后,他就任了美国的总统。

这就是正直的力量,它能给人带来心怀的坦荡,赢得他人的信任和尊重。

那么,什么是正直呢?所谓"正"就是正确、公正、正气,就是不偏不斜、不虚伪、不轻狂,就是光明磊落,从汉字"正"上下左右笔画的工整写法,我们可以看出祖先对正的理解和判断。所谓"直"就是豁达、坦率、真实,就是直来直去、不弯不绕,不随波逐流。正直在汉语里是重叠词,表达同一个意思,但从人品的生成和实践来看,二者是有逻辑关系的。先有"正"才能"直",只有正才不怕邪;没有正确、公正的"直",只能叫作鲁莽、傻直。

我们生活的周围,有这样一些人,他们饱经世事,但他们并没有因此变得圆滑、世俗,而是依旧秉持着正直坦荡的做人原则。

当然,生活中的诱惑太多,我们要做到正直、坦荡,就必须要做到:

第一,高标准地要求自己。

许多年前,一位作家因为投资失误,损失了一大笔财产而陷入了经济

困难中，为此，他决定用以后赚取的每一分钱来还债。三年以后，他已经小有名气，当地的一些媒体采取以募捐的方式来帮助他结束这种折磨人的生活，但他拒绝了。他把这些钱退还给了捐助人。后来，他的一本轰动一时的新书问世，他偿付了所有剩余的债务。这位作家就是马克·吐温。

第二，有高度的名誉感。

伟大的弗兰克·劳埃德·赖特曾在美国建筑学院发表演说时说："什么是人的名誉呢？那就是要做一个正直的人。"弗兰克·劳埃特·赖特正如他所说，他不愧为一个忠实于自己做人标准的人。

第三，道德至上，遵从自己的良知。

马丁·路德金在他被判死刑时，对他的敌人说："去做任何违背良知的事，既谈不上安全稳妥，也谈不上谨慎明智。我坚持自己的立场；上帝会帮助我，我不能做其他的选择。"

可见，正直是人类的的一种优秀品德，也是人类社会对个体性格的一种理想追求。正直同公正、善良、智慧、勇敢、诚实等高尚品德一样，一直受到赞赏和褒扬，并且成为当代社会思想道德建设的核心。

水到渠成，不可急于求成

生活中，人们常说："心急吃不了热豆腐"，指做事不要急于求成，只有踏实做事，才能水到渠成。的确，总是想着成功的人，往往很难成功；太想赢的人，往往不容易赢。欲速则不达，凡事不能急于求成。相反，以淡定的心态对之，处之，行之，以坚持恒久的姿态努力攀登，努力进取，成功的机率却会大大增加。我们都听过《揠苗助长》的故事：

从前，宋国有个农民，他做事总是追求速度。因此，对于田间的秧苗，他总觉得长得太慢，于是，他闲来无事时，就会到田间转悠，然后看看秧苗

长高了没有，但似乎秧苗的长势总是令他失望。用什么办法可以让苗长得快一些呢？他思索半天，终于找到一个他自认为很好的办法——我把苗往高处拔拔，秧苗不就一下子长高了一大截吗？说干就干，他就动手把秧苗一棵一棵拔高。他从中午一直干到太阳落山，才拖着发麻的双腿回家。一进家门，他一边捶腰，一边嚷嚷："哎哟，今天可把我给累坏了！"

他儿子忙问："爹，您今天干什么重活了，累成这样？"

农民洋洋自得地说："我帮田里的每棵秧苗都长高了一大截！"他儿子觉得很奇怪，拔腿就往田里跑。到田边一看，糟了！早拔的秧苗已经干枯，后拔的也叶子发蔫，耷拉下来了。

揠苗助长，愚蠢之极！每一棵植物的成长都是需要一个过程的，需要我们每天辛勤地浇灌、耕耘，才能获得成果。每一个生命的成长也如此，千万不要违背规律，急于求成，否则就是欲速则不达。

其实，不光是例子中的这个农民，在现实生活中，这种急功近利的人也大有人在，他们来也匆匆，去也匆匆，以至于不想喘息就要直达终点。急于求成，心态浮躁，会把最简单、最熟悉的小事都办糟，何况富有挑战性的大事呢？

任何一种本领的获得、一个人生目标的达成，都不是一蹴而就的，而是需要一段艰苦历练与奋斗的过程，正所谓"梅花香自苦寒来，宝剑锋从磨砺出"，任何急功近利的做法都是愚蠢的，做任何事情都要脚踏实地，一步一个脚印才能逐步走向成功，一口永远吃不成一个胖子。急于求成的结果，只能适得其反，结果只能功亏一篑，落得一个拔苗助长的笑话。

一位渴望成功的少年，一心想早日成名，于是拜一位剑术高人为师。他问师傅要多久才能学成，师傅答曰："十年。"少年又问如果他全力以赴，夜以继日要多久。师傅回答："那就要三十年。"少年还不死心，问如果拼命修炼要多久，师傅回答："七十年。"

这里，少年学成并非真的要七十年，师傅之所以如此回答，是因为他看到了少年的心态，少年可谓是不惜一切想尽快成功，但没有平和的心态，势必会以失败告终。渴望成功、努力追求都没有错，但渴望一夜成名的心态反而会使事情适得其反。

强扭的瓜不甜，强求的事难成，以淡定的心态面对，却往往会水到渠成。因为人们的主观愿望与实际生活总是有差距的，我们千万不可把自己的主观意愿强加于客观的现实中，我们应该学会随时调整主观与客观之间的差距。凡事顺其自然，确实至为重要。有些事情就是很奇怪，你越努力渴求的，它越迟迟不来，让你等得心急火燎、烂额焦头。终于，你等得不耐烦了，它却从天而降，给你个惊喜满怀。

可见，急于求成、急功近利的思想要不得，凡事都必须先深思熟虑，再做出行动，否则，只能是事倍功半，甚至是瞎忙活，不但没有什么效果，还会平添许多烦恼。如果我们能遵循事物的客观规律，多思考，就会获得事半功倍的效果。

孔子曰："无欲速，无见小利。欲速，则不达，见小利，则大事不成。"真正能成大事者，都有一个特点，那就是有十足的定力，遇事不慌不乱，这也是一种智慧的胸襟。人要学会用长远的眼光看问题，不仅要看到眼前的得失，更要着眼于未来。只有凡事不急于求成，才能真正有所成就。

当然，顺其自然，不是一种消极避世的生活态度，而是站在更高层次来俯视生活。

不以物喜，不以己悲

生活中，世事难料，因为任何事情都有一个变化发展的过程，一时的不如意并不代表一生不幸，此时你满面春风并不代表你一生顺利，人生充

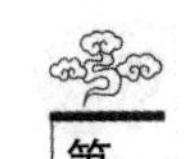

满得失，虽然我们不能掌握变化无常的世事，但我们可以掌控自己的心态。“不以物喜，不以己悲”这种淡定通达的心态，正是现代人要追求的。正如《老子》五十八章中描述：“祸兮福之所倚，福兮祸之所伏。孰知其极？其无正。正复为奇，善复为妖。人之迷，其日固久。”无论遇到什么事，都不要迷于单向度的追求，而是要了解相依转换的道理，然后调整心态，走上自立自足的生活。祸福本身就是可以互相转换的，因此，不管你现在得到了什么，失去了什么，都不要纠结于一时，心态是自己选择的，祸会转化为福，福也会转化为祸，何不敞开心扉，坦荡地面对呢？

“塞翁失马，焉知非福”的故事，我们已经了熟于心：

从前，在中国的边塞，有个智者，大家都叫他塞翁。

有一天，塞翁的马从马厩逃出去了，并跑到了胡人境内，很明显，这匹马归别人了。邻居们纷纷过来，向塞翁表达悲哀之情，但塞翁一点都不难过，反而笑笑说：“我的马虽然走失了，但说不定是件好事呢。”

又过了几个月，这匹马居然自己跑回来了，而且还带来了一匹胡地的骏马，这不是意外之财吗？大家都过来向他道贺，塞翁这回反而皱起眉头对大家说：“白白得来这匹骏马恐怕不是什么好事！”

塞翁有个儿子很喜欢骑马，有一天，他心血来潮，要骑这匹“外来马”，结果一不小心从马背上摔了下来跌断了腿。邻居们知道了这次意外又赶来塞翁家，慰问塞翁，劝他不要太伤心，没想到塞翁并不怎么太难过、伤心，反而淡淡地对大家说：“我的儿子虽然摔断了腿，但是说不定是件好事呢！”

儿子摔断了腿，塞翁居然觉得是好事，邻居每个人都莫名其妙，他们认为塞翁肯定是伤心过头，脑筋都糊涂了。过了不久，胡人大举入侵，所有的青年男子都徵调去当兵，但是胡人非常剽悍，所以大部分的年轻男子都战死沙场，塞翁的儿子因为摔断了腿不用当兵，反而因此保全了性命，

这个时候邻居们才体悟到当初塞翁所说的那些话里所隐含的智慧。

塞翁的确是个智慧的老人，他懂得“福祸相倚”的道理，因此他既不以福喜，也不以祸忧。后来这个故事在民间流传了几百年，成为人们经常用来规劝他人的一个成语，比喻一时虽然受到损失，也许反而因此能得到好处，也指坏事在一定条件下可变为好事。但生活中，我们是否能做到既不以福喜，也不以祸忧呢？答案是否定的。人都是情绪化的动物，一些人一遇到悲伤之事，便萎靡不振，而在竞争中获胜，便高兴不已，甚至得意忘形。显然，大喜大悲都不是一种好的处事心态。

因此，无论得失，我们要调整自己的心态，要超越时间和空间去观察问题，要考虑到事物有可能出现的极端变化。这样，无论福事变祸事，还是祸事变福事，都有足够的心理承受能力。

放下人生路途中得失成败的压力，需要我们保持一颗平常心，对“花花绿绿”“流光溢彩”不生非分之心，不做越轨之事，不做虚幻之梦。面对外界种种变化与诱惑，依旧保持一颗平常心，不轻易为之所动，荣辱不惊，去留淡然，白天知足常乐，夜晚睡眠安宁，走路步步稳健。总之，拥有一颗平常的心，能让我们拿捏好尺寸，把握住幸福。

总之，人生之路，不会总是阳光灿烂，不会总是枝繁叶茂，不会总是掌声不断，也会有阻挡在前的高山和荒凉的沙漠，也会有阴天时的迷雾重重，也会有他人的冷落。只有拥有平淡的真实，才会真正懂得品味人生，抒发人生，才会拥有自我，心存淡泊。拥有平淡，那才是人生的至高境界，才会得到坦坦荡荡，自自然然的快乐。

爬起来路依然在脚下

生活中，几乎每一人都期望一帆风顺。许多人都说：前进的路上，即使没有莺歌燕舞，没有众人的掌声，那么，最好也不要有风雨和挫折。但是，人生就是一本包含着酸甜苦辣的词典。人活尘世，既有宽敞的阳关道，也有狭窄的独木桥；既有醉人的幸福，也有恼人的苦难。你需要承受的太多，尤其是在追逐人生目标的过程中，更是免不了失败。苦难来临时，你也许会无比惶惑，你也许会绝望，也许想到过轻生，想到过放弃，想到过破罐破摔、得过且过……

其实，我们的一生正是因为磨难的出现才精彩。百无聊赖的人生，感受不到成功的喜悦，最终得到的是冰冷的失落。不曾遭遇失意和痛苦、欢乐和幸福，人生只能是浮浅的、脆弱的；经历磨难，而不能泰然处之，也就永远不会真正地实现辉煌的人生。因此，我们应该学会接受人生的磨难和挑战。如果我们困于这种“不如意”之中，终日惴惴不安，那生活就会索然无味。反之，如果我们能以平和的心态面对，把那些磨难当成人生中的小插曲，那么，灿烂的主旋律必定会为你弹奏。

古人说：“哀莫大于心死”。一个人最可怕的莫过于心存放弃。这种灵魂的死亡比起肉体的死亡更为可怕。而唯有激励自我，方可以焕发青春，扬起生命的希望之帆。

从前，有一个农夫，靠驴拉货为生，有头驴跟了他十几年，已经年迈。一天，在运货过程中，这头驴不小心掉进了一个枯井里，农夫想尽办法救驴出来，但都无济于事，最后，农夫不得不放弃，他想他为什么要大费周折地去救这头年迈的驴子呢？农夫便打算用泥土埋了这头驴，免除它的痛苦。

那位农夫叫邻居来帮忙，他们就用铁铲挖起泥土扔进枯井里。这头驴似乎很聪明，它意识到厄运的降临，便没在发出那凄掺的叫声。人们出人意料地发现那头驴子没有再叫出声音：那头驴子把那些将要埋葬它的泥土用身体抖落，然后踩在泥土上。

这样，人们挖土扔在它的身上，它就把泥土抖落下踩在脚下，很快，驴子的身体一点点地靠近井口。人们惊讶地注视着这头驴子。驴子悄悄地离开了注视它的人群。

在这个寓言故事中，如果那头驴听从命运的安排，它可能已经被活埋了。幸好那头驴子聪明地用智慧逃离了厄运。

人的一生难免会遇到一些困难，正如那句名言所说："面对困难，把它举在头上，它就是灭顶石，但如果把它踩在脚下，它就是垫脚石。"

其实，在生活中，那些我们遇到的困难和挫折就好比压在人们身上的"泥土"，我们只要以锲而不舍的精神将它抖落掉，然后站上去，"泥土"就变成了成功道路上的垫脚石。"艰难困苦，玉汝于成"。困难可以练就人的素质，提高人的才干，磨练人的耐性及承受能力。只要你能坚持不懈，困难自会低头，成为磨练我们坚强性格的磨刀石。

"宝剑锋从磨砺出，梅花香自苦寒来"。画家凡高横眉冷对世俗的嘲笑，勇往直前，把困难踩在脚下。自古英雄多磨难，从来纨绔少伟男。"左丘失明，厥有《国语》；孙子膑脚，兵法修列；不韦迁蜀，世传《吕览》……《说难》、《孤愤》；诗三百篇，大抵圣贤发愤之所为作也。"

巴尔扎克曾说："挫折和不幸，是天才的进身之阶；信徒的洗礼之水；能人的无价之宝；弱者的无底深渊。"所以说，没有经历过失败的人生不是完整的人生，敢于把困难踩在脚下的人才是真正的英雄，成功属于他们。

面对失败，你必须要选择你的态度：是消极被动地害怕和逃避，还是积极主动地面对和接受？若我们存有消极态度，那么，你将被局面控制，如果你积极主动，则能反过来控制局面。如果你希望能够通过自己的努力使自己的力量一点点变得强大，同时让自己变得更完美，就必须选择积极主动的态度，逆境这朵"浮云"自然会被你驱赶出心灵的天空。

说到底，决定心态的是人的理想、人生观、世界观。一个成大器的人具有远大的目标，正确的人生观，以及胸怀宽广，执着进取，挑战自我，不屈命运，坚信自己。因而，我们一定要保持良好的心态，即使生活给予我们挫折，我们也要怀着理解的心态还它一个微笑！

第8章

淡定是乐享寂寞的心境——静心善思温润心灵

○○○○○○

生活中，在与人共处时，我们扮演着人际交往中不同的身份，有着不同的对应轨迹。有的人宁愿面对别人，也不愿单独面对自己。其实寂寞是最自由的，人因为习惯了角色与名分，面对这份自由时，反而显得不知所措、彷徨与空虚。而心境淡定的人，懂得怎样去开发自己的生活快乐源泉，会在寂寞的时候给自己安排一片只属于自己的小天地。所以我们要特别珍惜独处的光阴。在喧闹的尘世生活中，不论何时，总要努力寻找一些悠闲的时光用于独处，此时你暂放自己的尘心，静心感受一下心灵的自由与成长，倾听宇宙的静谧节奏，感受一下天地万物的神奇——这是寂寞所给予我们的最丰盛的礼物。

沉静下来思考会收获更多

人是群居动物，因此，独处的时候，我们常常会感到寂寞。寂寞的时候，你是品品茶，喝喝酒，还是唱唱歌、翻翻书？你是安静地坐一坐，还是悠闲地散散步，抑或是赶快到人群中去寻找情感的共鸣、心灵的慰藉？实际上，耐得住寂寞的人，或者懂得排遣寂寞的人，忍受得住孤独的人，或者会享受孤独的人，即使成不了伟大的人物，也必然会有一颗伟大的心灵。因为乐享寂寞的人心态必定是淡定的，他们常会选择以独处的方式来思索人生，思索问题，进而提升自我，

那些真正内心淡定的人，崇尚简单的生活，极少抛头露面，对人生、对社会的宽容、不苛求，心灵清净。他们像秋叶一样静美，淡淡地来，淡淡地去，给人以宁静，给人以淡淡的欲望，活得简单而有韵味。

淡定的人，即使再忙碌，也会偷出空闲，滋养自己，白日的尘埃落定，夜晚会在灯下读点书，修复日渐粗粝的灵魂，使自己依然温婉和悦。

朱自清先生在散文《荷塘月色》中写过这样一段话："我爱热闹，也爱冷静；我爱群居，也爱独处。"人在独处之时可以想许多事情，可以不受他物的牵绊，让自己的思想尽情遨游，在深思熟虑中获得生命的体验与感悟。这便是孤独的妙处吧。

曾经有一位总统，他远离公务和繁琐的生活，来到一间寺庙，他每天的工作只剩下两件事：拜佛和念经。

一天，寺庙的住持来探望他，他很疑惑地问住持："师父，庙里的桂花为什么这样香？"

住持说："哪儿的桂花不香呢？"

他说："总统府的桂花就没有香味！"

住持有些奇怪，问："总统府的桂花全是从雪岳山移过去的，怎会没有香味呢？"言毕，唤一童子进来，说："冬天快来了，送一盆夜来香，伴总统念佛。"说完，住持便离去了。

一年以后，住持又来看这位总统，总统指着小茶桌上的夜来香，说："这盆夜来香想必是名贵品种吧。"住持不解其意，问："何以见得？"总统说："它不仅夜里香，白天也香！"住持说："这是从房前随便挖来的一棵，它不是名品，是不能再普通的一种。"总统说："过去我家也有一盆夜来香，可是，白天从没有闻到过香味。这盆不同。"

住持说："过去一位禅师说过：'夜来香其实白天也很香，人们之所以闻不着，是因为白天，心太躁了！'现在你能闻到香味，可能是心境不一样了。"

后来，谈起百潭寺的经历和如今的生活，他坦诚自然。记者回去后，写了一篇题为《宁静安详，始知花香》的文章，最后有这么一段感慨：假如你现在感觉到吃什么都不香了；看再美的景致都不激动了；住再大的房子，坐再好的车，都没有幸福感了，一定是你变了，变得离真实的生活愈来愈远了。

两年后，总统离开寺庙前往首都服刑。这位总统的名字叫全斗焕，1980 年至 1988 年任韩国总统。现在他住在陕川郡，过着平民的日子，品味着桂花的芳香。

这位住持的话让我们深有感悟，的确，当我们心情浮躁的时候，又怎能感受到那份宁静的幸福呢？曾经有一个百岁老人谈起他的长寿秘诀："我每活一天，就是赚一天，我一直在赚"，这就是生命的真谛：豁达，坦然。

尘世中的我们，又是否有这样一颗安然、宁静的心呢？你是否已被这纷乱的世界扰乱了思绪呢？

的确,人世间有太多会扰乱我们心绪的因素,对此我们要懂得调节。

学会让自己安静,把思维沉浸下来,慢慢降低对事物的欲望。把自我经常归零,每天都是新的起点,没有年龄的限制,只要你对事物的欲望适当降低,就会赢得更多的制胜机会。所谓退一步海阔天空。

假如你遇到心情烦躁的情况,你可以喝一杯白开水,放一曲舒缓的轻音乐,闭眼,回味身边的人与事,对新的未来可以慢慢的梳理,既是一种休息,也是一种冷静的前进思考。

阅读也是让我们凝神静气的方法,像是一个吸收养料的过程,你的求知欲在呼喊你,要活着就需要这样的养分。

心灵永不孤独,寂寞不是毒药

有人说,生命就像一艘船,穿过了一个个春秋,经历过风风雨雨,才驶向了宁静的港湾。然而,习惯了喧嚣尘世中的人们,当寂寞来临时,他们却手足无措,不知如何排遣。有人说,孤寂是吞噬生命和美丽的沼泽地。寂寞不可怕,可怕的是心灵的孤独,因此,寂寞的时候,我们需要一点精神上的寄托与追求,去打破寂寞,学会在寂寞中寻求彼岸。

曾经有个服刑的犯人在监狱中写下了一篇忏悔的日记:

自从穿上了这身囚服,我才知道什么叫寂寞,我才发现自由是多么可贵。我仿佛有一种无法倾诉的无奈,仿佛置身在没有一丝风的沙漠中。牢房里,虽然不乏各种新闻,也不乏各种话题,但我不感兴趣。环境特殊吧,彼此都害怕对方窥视自己的内心世界,所以人人都不得不心墙高筑。在这种氛围里,那份孤独就显得更加沉重。

于是,为了打发时光,空余时间我便拿出书来读。刚开始,我看的是一些修养身心的书,我不急不躁,细嚼慢咽,居然读了进去。接下来,我又

喜欢上了一些道德、法律方面的书，竟让我读出了心得，读出了情感。到后来，我已不光读，而是在“听”了——听哲人谈人生道理，听名人谈生活经验，听学者谈对世事的看法，听强者谈怎样面对挫折。

时间久了，读的书多了，我更加后悔以前的行径，以身试法是多么愚蠢啊，不过现在还来得及。于是，我拿起久违的笔抒发对亲人的思念、检讨曾经的过失……一篇文章的构思过程，就是一次心灵净化与充实的过程，虽然难免有忧伤，有惆怅，但我却不浮躁，不空虚。曾经失落、沮丧的心绪已渐渐舒展，漫长的时光已不再无聊，不再孤寂。这是否算一种境界，一份收获？

我曾经暗叹牢狱生活是如此的漫长，如今却发现如果能够做到把刑期当学期，便可以学到许多对自己有用的知识，学会在寂寞中充实自己，人生才会感到精彩，才能得到许多意想不到的收获！

看到这篇日记，我们感到欣慰，孤寂的牢狱生活并没有让他再次堕落，他选择了以读书来充实自己的内心。的确，心与书的交流是一种滋润，也是内省与自察。伴随着感悟与体会，淡淡的喜悦在心头升起，浮荡的灵魂也渐归平静，让自己始终保持着一种纯净而又向上的心态，不失信心地契入现实，介入生活，创造生活。

英国作家汤玛斯说：“书籍超越了时间的藩篱，它可以把我们从狭窄的目前延伸到过去和未来。”读书是一趟深入自我的探险旅程，是实现自身价值的一种途径，书籍的背后是一种文化的力量。有了这种探险的历程和这种文化的力量，我们定会在一本本书中看清自己，看清过去和未来，并在不间断的思考中挖掘出自己的潜能，走出狭隘，驱散浮躁，在心中开启一扇智慧之窗，开阔视野，涵养性情，丰富自我，修炼人格，为步入幸福的殿堂开辟一条绿色通道。

寂寞是一柄双刃剑，淡定的人会在寂寞中锻炼自己的心性；而愚蠢的

人却在寂寞中迷失方向，从此一蹶不振，脱离了成功的轨道。寂寞是喧闹世界的陪衬，就像绿叶对鲜花一样。

学会在寂寞中寻求彼岸，我们需要对自己充满信心。人的一生好比船在大海上航行，不可能永远一帆风顺，难免会遇到狂风、怒涛、暗礁等各种各样的危险。同样，寂寞也只是我们通向成功路上的一个小小的挫折，只要我们有信心，有勇气，我们就可以去搏斗，去尽享奋斗人生的快乐，从而把寂寞当做成功路上的垫脚石。如果一个人在寂寞中失去了信心，那么他只会越陷越深，最终被寂寞吞噬。所以，多给自己一点信心，相信自己一样能够创造奇迹。

学会在寂寞中寻求彼岸，需要我们时刻怀有一颗追求和进取的心。寂寞中，如果追求和进取委顿了，那么就如同身心已死，四肢的活力不再蓬勃，生命也等于已经消亡，而只要有追求，前景就永远是一片灿烂。歌德说过："人人心中有一盏灯，强者经风不熄，弱者遇风即灭。这盏灯是理想。"若想要理想之灯放出光芒，就需要我们不断付出艰辛的劳动甚至是一生的努力。在寂寞中，有的人像阿 Q 一样整天处在幻想中，把未来的生活描绘得五光十色，然而却只能雾里看花、水中望月罢了。没有追求的人，就像一艘无舵的孤舟，终将被大海吞没；不懂进取的人，就像一颗黑夜的流星，不知会陨落何方，所以任何时候请不要放弃自己对理想的追求，不断进取方能克服寂寞，从而找到彼岸。

学会在寂寞中寻求彼岸，需要我们主动去开垦我们的寂寞。寂寞的时候，请不要一味地抱着消极的心态去打发时间，可以去做一些有意义的事情，比如读书。古人云："书中自有黄金屋，书中自有颜如玉。"读书可以让我们增长见识，让我们身心放松。你可以坐在阳台上，也可以蜷缩在沙发里，随时随地都可以进入书的海洋。除此之外，我们还可以静静地听歌、发呆或者写一些随心随意的文字，总之只要你不在寂寞中沉迷，让自

己的四肢忙碌起来,你就会找到一个充实的全新自我。任何时候都要记住,寂寞不是自己放纵的理由。学会开垦自己的寂寞,不气馁、不消沉,辛勤地耕耘,你最终也将走出寂寞。

难得寂寞,珍惜和自己相处的时间

紧张的忙碌工作之余,你离开办公桌,沏一杯咖啡,来到窗前,静静俯瞰这城市中匆匆行走的人们,是否觉得自己累了太久,寂寞好难得?在万籁俱寂的子夜时分,你沉沉地睡去,但一想到次日依旧要面临繁杂的工作、生活,你是否觉得心力交瘁?你听够了上司的训导,同事的唠叨,孩子的哭闹,家人间的争吵,你是否很渴望能独处?

的确,在人的一生当中,寂寞、独处的时间实在太少了,尤其是在这喧哗的世界里,难得寂寞一回!在大都市里,寂寞真的是一种少有的平静,没有压力,没有喧哗,只有安静,只有自己的呼吸,只有平平淡淡。在万物沉睡的凌晨,在肃静的内室,在空旷的郊野,在所有这些寂寞的时候,凡尘的繁琐事务离我们远去了,忧虑与烦忧也不再侵害我们,我们的内心自然会生出许多平安欢喜之情,此时思绪静止,内心安详而淳朴,你会感到一种与天地同在的醉意。

刘女士的儿子刚上小学,孩子所在的小学离刘女士原先的单位有一个多小时的车程,为此,她辞了职,在儿子学校附近的一个公司找了份工作。

“自从到这边来上班,几乎就没有了独处的时间,办公室是三个人公用的,似乎什么都是大家的领地,好在大家相处是愉快的,事情也做得顺意,总有忙不完的事情。工作之余的时间,多是给了孩子,给了家庭,偶尔的独处,也是在阅读中掩藏自己。“寂寞”这样奢侈的享受已经远离了

自己。

今天下午开会然后放假，我是带着提前放假的孩子来的。会后，大家都回家，我一个人在办公室，继续上次未完成的一段视频编辑。孩子和陈先生家的儿子一起玩着，而我一直坐在计算机前，同事们都走了，后来孩子也他爸爸接回去了，只有我一个人坐在空空的办公室，等待着文件的生成、刻录。寂寞中，于是有了整理心情的想法，于是诞生了连续几篇散乱的文字：

本来还是正好的夕阳，不觉间夜色肆意蔓延开来，偌大的校园已经是寂静一片。站在窗前，视线是极好的，不远处已经是灯火阑珊，围墙外的道路上，街灯安静而闲适，总是让我怀想起10多年前的一些黄昏。有时在高中时一个走在上晚自习的路上，冬日的黄昏，橘黄色的街灯点缀着深蓝色的天幕，有时飘雨有时落雪，更多的时候也无风雨也无情，一如自己的大脑，疲惫后的宁静与超然；还有的黄昏，站在学校七楼的寝室窗前，眺望不远的山上忽明忽暗的灯光，嘉陵江的水声仿佛穿透夜色低语着。思绪飘渺地不知去向，似乎总也不知道家在何方，总有着无限的希冀，当然也有过彻底的绝望，那时候彻底地明白了一句话：热闹的是他们，而我什么都没有。

寂寞的、超脱的，一种很微妙的感觉似乎成了自己对黄昏最热切的期盼。而毕竟我们都是红尘俗世中纠缠着的众生，谁也超脱不了。

文件制作完成，我于是关上窗户，收拾心情，踏上回家的路。明天，又是一个不短的放假天，真好！

故事中的刘女士是个懂得享受生活、享受寂寞的人，然而，现实生活中，人们往往因为难以忍耐寂寞而寻求群体生活，这不但曲解了寂寞，得不到寂寞的益处，也同时严重误解了群体生活。许多人参与群体生活的缘由乃是他们不能够独居，不能够忍受寂寞，他们需要借助外界的喧闹来

驱除内心的空虚。而群体生活却永远也不能治愈空虚，它只是经由精神的麻醉而暂忘记了寂寞与空虚的存在，结果反而更加重了这种空虚。

为此，当独处时，我们可以有很多选择：

旅游，旅游是很多现代城市人放松自己的方法，长时间游走于钢筋混凝土中的人们，应到大自然中去。

读书，读感兴趣的书，读使人轻松愉快的书。抓住一本好书，爱不释手，那么，尘世间的一切烦恼都会抛到脑后。

听听音乐也会让你身心放松下来。音乐是人类最美好的语言。听好歌，听轻松愉快的音乐会使人心旷神怡，沉浸在幸福愉快之中而忘记烦恼。放声歌唱也是一种气度，一种潇洒，一种解脱，一种心灵的呼唤。

总之，寂寞是一种宝贵的情感，凡庸的人总不能够享用寂寞，难以在寂寞中寻求灵魂的清静与成长，而内心淡定的人则能抓住难得的寂寞时间来洗涤自己的心灵，享受一个人美妙的世界！

不值得留恋的感情让它随风而逝

爱情是世间最美好的东西，爱情应该是世间万物自然孕育而成，它本来是无形的，所以不能刻意地给它总结答案。不要给爱过重的负担，它才能够是快乐的。爱情源于自然，只有自然而生成的爱情才会更持久。爱情会遁形于我们内心的深处，只有融入到我们心灵深处的爱才是最美丽的事物，所以，爱情来临时，我们不要爱的盲目，也不要爱的愚痴，要爱的轻松，轻松的心情才会快乐。而当那份爱情已经不值得你留恋时，也不要过于执着，任何失去自我的爱情都失去了原本的意义，要试着把自己的双手慢慢地放开。把双手放开时，才明白越是自然、越是随意的情感才会让人心情放松。

生活中,很多人经常充当情感的导师,当周围的朋友遇到阻碍,即将放弃的时候,他们常常都会对他说坚持到底,坚持就是胜利,但实际上,并不是所有的坚持都会等到最终的胜利。我们不妨先来看看一个女人的情感日记:

“现在我终于承认,一切都结束了,我也能面对自己了,这是一次情感的欺骗,我也不得不面对现实,早怀疑这份感情的真实程度,可一直还是愿意相信自己是个值得爱的女人,所以宁可相信这份感情真实存在,所以无视诸多端倪。

或许很久之前,我就应该给自己一个了结这次情感的机会。背叛在前,事实当前还是选择原谅,因为珍惜,现在看来完全是因为无知,这段时间精神恍惚了,无心工作,无心玩乐,今天终于可以放开纠结。

真的下定决心不再爱,因为不值得……是呀,朋友说的一点没错,我是遭受了太多的感情挫折,太孤独太没人疼爱,貌似坚强的外表下是太脆弱的内心,才会对眼前看似存在的,其实漏洞百出的感情深陷其中。其实不是那么合适……我应该感到欣慰才是,今天我在内心告别的是一个不爱我的人,或者是一个不懂得珍惜爱的人,而被告别的他失去的是一个爱人。

我的感情付错了方向,到今天我彻底承认,一个不懂得珍惜的人,一个不懂得坚持的人,一个不懂得爱的真谛的人,一个不懂得顾念我的感受的人,一个不会牵挂关爱的人根本不会懂爱情,跟这样的一个人谈感情是何等无知何等虚幻的一件事情。

别了,我曾经的,短暂的爱情,别了,我曾经希翼过的未来……”

是啊,一个根本不值得自己爱的人,一段不值得留恋的感情,为什么还要苦苦迷恋呢?然而,生活中却有太多对于爱情过于执着的人,爱是一种那么模糊的东西,你说不明白它到底是什么。它或许是你早晨睁开眼

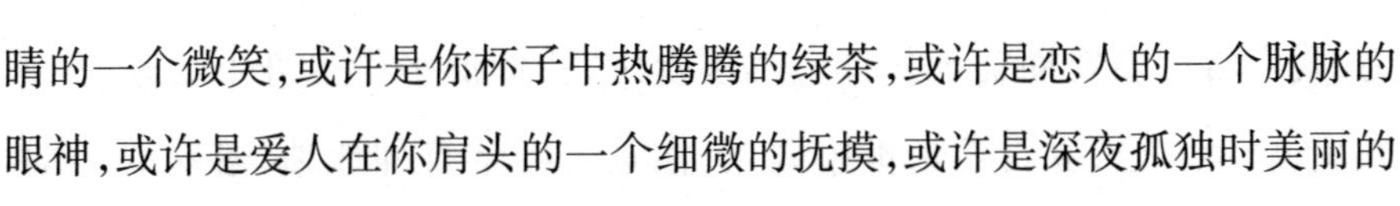

睛的一个微笑，或许是你杯子中热腾腾的绿茶，或许是恋人的一个脉脉的眼神，或许是爱人在你肩头的一个细微的抚摸，或许是深夜孤独时美丽的灯光，或许是你寂寞时节里的一个祝福的短信……

爱是一种缘分，佛说前生千百次的回眸换来今生的擦肩而过。我们常常将不可名状的人生际遇归于缘分。你我偶然的相遇，却从此开始一段凄美浪漫的情感故事。今天相聚的记忆，凝聚来生的缘分。白发如新，倾盖如故，怎一个缘分了得！那么，对于爱情中的离合聚散，我们也应该做到随缘，以“入世”的态度去耕耘，以“出世”的态度去收获，这就是随缘人生的最高境界。

一个人失恋不可怕，可怕的是失去自己，没有勇气重新开始。一个为爱而自怜伤叹，每晚伤心抽泣的人，到头只能得到他人的耻笑，而不是同情！

许多人会在恋爱中迷失了自己，找不到自我，甘心付出很多，结果却是一败涂地。如果说杰克死后，露丝也跟着沉到海底，那么就没有了那感人至深、赚了观众无数泪水的《泰坦尼克号》了。爱情的意义不是让一个人为另一个人牺牲，而是两个人共同付出，彼此幸福。你最需要的是从童话中走出来。

我们都是尘世中的人，都无法真正摆脱情缘，也逃不出爱与被爱的旋涡。心碎神伤后，是漫无止境的寂寞。或许真的会内心寂寞吧！但是细细体会寂寞后的洒脱，想想除他以外的快乐，想想再也不用为了猜测他的心思而绞尽脑汁，会不会轻舒一口气，感觉轻松一点？

试着在冥想中释放内心

生活中，我们每个人每天都要为生计奔波，都要面临繁重的工作压

力，我们常常需要周旋于各种应酬场合中，我们似乎很少静下心来，思考人生，思考自己，立身于尘世中太久，你是否经常有种孤独、落寞的感觉？你知道自己要的到底是什么样的生活吗？你的心是否曾经被一些自私自利的狭隘思想笼罩过？你是否已经变得人云亦云？处于闹世中的我们，都要做到给自己一段独立思考的时间，尝试着在冥想中释放内心。

曾经有位事业有成的年轻人，他在朋友的劝说下来看心理医生，因为他觉得自己的工作压力太大了，心灵好像已经麻木了。

诊断后，医生发现他身体毫无问题，却觉察到他内心深处有问题。

医生问年轻人："你最喜欢哪个地方？""我不清楚！""小时候你最喜欢做什么事？"医生接着问。"我最喜欢海边。"年轻人回答。医生于是说："拿着这三个处方，到海边去，你必须在早上 9 点、中午 12 点和下午 3 点分别打开这三个处方。你必须同意遵照处方，除非时间到了，不得打开。"

于是，这位年轻人按照医生的嘱咐来到海边。

他到达海边时，正好九点，没有收音机、电话。他赶紧打开处方，上面写道："专心倾听。"他走出车子，用耳朵倾听，听到了海浪声，听到了各种海鸟的叫声，听到了风吹沙子的声音，他开始陶醉了，这是另外一个安静的世界。快到中午的时候，他很不情愿地打开第二个处方，上面写道："回想。"于是他开始回忆，想起小时候在海边嬉戏的情景，与家人一起拾贝壳的情景……怀旧之情汩汩而来。接近下午 3 点时，他正沉醉在尘封的往事中，温暖与喜悦的感受，使他不愿去打开最后一张处方。但他还是拆开了。

"回顾你的动机。"这是最困难的部分，亦是整个"治疗"的重心。他开始反省，回忆生活工作中的每件事、每一状况、每一个人。他很痛苦地发现他很自私，他从未超越自我，从未认同更高尚的目标、更纯正的动机。

他发现了造成疲倦、无聊、空虚、压力的原因。

在这个故事中，这位年轻人接受医生的建议来到海边，通过倾听、回想、回顾这三个过程，最终认识到了自己的症结——自私、从未超越自我、从未认同他人，这就是他感到空虚、压力大的原因。心理学家曾说过："人是最会制造垃圾污染自己的动物之一。"正如清洁工每天早上都要清理人们制造的成堆的有形垃圾一样，我们要想彻底消除倦怠，也必须经常反省自己，时刻清洗心灵和头脑中那些烦恼、忧愁、痛苦等无形的垃圾，真正让自己时刻心如明镜，洞若观火，以最好的状态去投入工作，而释放这些不健康心灵毒素的方法之一就是冥想。

的确，身处紧张、忙碌的现实世界中，我们的思想却渴望得到放松，冥想就是让你放松下来，当头脑、身体和心灵真正安静和谐时，当头脑、身体和心灵完全合二为一时，我们便得到释放了。

冥想是能量的彻底释放，是一种放空自己的方法，是一种忘怀之道，完全忘怀对自己、对世界的所有想象，人就有了截然不同的心灵。冥想还能帮助我们审视自己，审视周围的世界，看到自己的言行。然而，冥想只有在安静的内心环境下才会产生积极作用，否则，很容易产生扭曲和幻觉。

因此，我们不难发现，独处是让我们内心静下来的好方法。独处能让我们看清自己，看清自己的整个人生大部分时间把精力都倾注在了什么地方，是钱？是情？是权？还是其他什么？它是不是你痛苦的根源？你能不能稍稍放松一下自己？独处让自己暂时不再置身其中，去体验没有任何东西可以让你疼痛的感觉。

独处，就是要消化这些不平衡的感觉，消化所有的不能接受的结果，消化种种的抗拒，消化以往未了的事情。随着冰雪消融，我们的心渐渐地柔软了，渐渐地喜悦了，渐渐地伸缩自如了，于是，智慧的力量应运而生。

抓住自己跟自己在一起的美好感觉吧,当这种美好的感觉越来越稳定的时候,我们的心便不再粘连在各种烦恼上。在这种情形下,我们的心才是自如的,喜悦的!

倾听心声,探究另一个自己

我们都知道,人是一种社会性的动物,需要与同类交往,需要爱和被爱,否则就无法生存。世上没有一个人能够忍受绝对的孤独。但是,绝对不能忍受孤独的人却是一个灵魂空虚的人。不知是哪位诗人说过:“爱你的寂寞,负担它那以悠扬的怨诉给你引来的痛苦。”而事实上,我们可能忽视的一点是,这种因寂寞而引发的痛苦却恰恰是我们最应该珍视的礼物,其中就包括自我认知。寂寞使我们进入一种孤立的境地,而正是在这些孤立的时候,我们才更易于接近我们的灵魂,从而帮助我们认识到另外一个自己,这是信仰的开始,是省悟的开始。

的确,我们不是在喧嚷中认识自己,也不是在人群之中认识自己,而恰恰是在寂寞的时刻认识自己,于独居的时刻认识自己,犹如深夜的月光洒落在纯净无瑕的窗户之上。任何一个拥有自我的人,都能做到静静地倾听自己内心的声音,以此认识到自己不为人知的另一面。这一面或许是为人处世中的不足与优势,或许是某种特长,但无论是什么,只要我们能及时探知,就有利于自身的发展。

富兰克林并不是出身官宦之家,相反,他小的时候,家境很穷。他只在学校读了一年书后就不得不出去工作,但童年的艰辛并没有磨灭他的理想和意志,反而激励他更加努力。最终,他成功了,他成为美国人心中杰出的政治家和外交家。富兰克林并不是天才,那么,除了刻苦勤奋外,他是不是还有什么成功的秘诀呢?事实上,在富兰克林的身上,有一种非

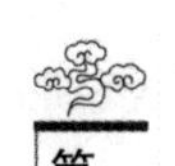

常重要的品质，那就是经常反省自己。正是这种品质，促使他不断地发现自己的缺点，不断改进，成为一个拥有很多美德的人，最终走向成功。

每天晚上，富兰克林都会问自己："我今天做了什么有意义的事情?"

他检讨自己的缺点，发现自己有13种严重的缺点，而其中最为严重的是，喜欢与人争论、浪费时间、总被小事扰乱心绪，他通过深刻的自我检讨认识到：如果要成功。就一定要下决心改造自己。

于是，他设计了一个表格，表格的一边写下自己所有的缺点，另一边则写上那些美好的品质，比如俭朴、勤奋、清洁、谦虚等。他每天检查，反省自己的得与失，立志改掉缺点，养成那些美德。这样持续了几年，他终于成功了。

的确，我们每个人都不可能永远不犯错误。因此，挖掘出自身发展过程中不足的部分往往是纠正自身错误、实现快速转变的关键所在。面对激烈的竞争，面对瞬息万变的环境，那些不愿意反省自己或者不愿意及时改正错误的人，必将面临淘汰的结局。同时，在快节奏的信息社会中，一个人如果不能及时察觉自身的缺点，不能用最快的速度修正自己的发展方向，也必然会在学业和事业中落伍，被无情的竞争所淘汰。

现实生活中，一些人在人生发展的道路上，却把命运交付在别人手上，人云亦云，盲目跟风，他们忽视了自己的内在潜力，看不到自身的强大力量，甚至不知道自己到底需要什么，不知道未来的路在哪里，于是，他们浑浑噩噩地度过每一天，一直在从事自己不擅长的工作和事业，以至于一直无所成就。

要挖掘出另一个自我，我们就需要养成在寂寞中思考、在独处中倾听内心声音的良好习惯。你一个人呆着时，是感到百无聊赖、难以忍受呢，还是感到一种宁静、充实和满足？对于有"自我"的人来说，独处是让内心静下来的绝好方法，是一种美好的体验，固然寂寞，但却有利于灵魂的

升华。

在独处时,我们能从人群和繁琐的事务中抽身出来,这时候,我们独自面对自己,开始了理智与心灵的最本真的对话。诚然,与别人谈古论今、闲话家常能帮我们排遣内心的寂寞,但唯有与自己的心灵对话、感受自己的人生时,才会有真正的心灵感悟。和别人一起游山玩水,那只是旅游;唯有自己独自面对苍茫的群山和大海之时,才会真正感受到与大自然的沟通。所以,一切注重灵魂生活的人对于卢梭的这句话都会有同感:"我独处时从来不感到厌烦,闲聊才是我一辈子忍受不了的事情。"这种对于独处的爱好与一个人的性格完全无关,爱好独处的人同样可能是一个性格活泼、喜欢广交朋友的人,只是无论他怎么乐于与别人交往,独处始终是他生活中的必需品。

因此,我们需要安静下来问自己,我们到底是在不断提升自己,还是只顾面子,不肯跟自己"摊牌"呢?或许有正直不阿的指导者,曾经指出你所犯的错误,可是却遭到你的当面驳斥,因为你实在是不愿意相信,你并不如你自己想象中那样好。

总之,我们每个人都要做一个耐得住寂寞的人,只有这样,才能够挖掘出另一个自己,你也许会发现自己的某些惊人的力量,也可能会发现自己的缺点或者做得不够好的地方,然后加以改正,使自己不断进步,并能够扬长避短,发挥出自己的最大潜能,从而不断获得成功。

开阔心境,空谷幽兰独自香

我们的生活中,有这样一些人,他们似乎就是为闹世而生,他们最怕的就是独处,让他们和自己呆一会儿,对于他们简直是一种酷刑。因此,只要闲下来,他们就必须找个地方去消遣,要么去游戏厅,要么找人聊天、

逛街、看电影。即使一个人在家里,他也会打开电视机,看一些无聊的肥皂剧,或者把音响开到最大,他们极其害怕孤单,他们的日子表面上过得十分热闹,实际上内心极其空虚,他们所做的一切都是为了想方设法避免面对面看见自己。

实际上,凡是对寂寞感到恐惧的人,其实质是不敢面对自己,而原因则在于心境狭窄。一个心境开阔的人,必然会因寂寞更加深刻地反省自身,也就更坚定地成就自身,完善自身。

寂寞是一种宝贵的情愫,凡庸的人体会不到寂寞带给他的礼物,也难以在寂寞中接受灵魂的馈赠。因此,如果你不懂得欣赏和珍惜寂寞,那么,对于寂寞,你只会觉得恐惧,这种空虚与恐惧啮咬着人们的心灵,足以使人毁灭。

人们常说"寂寞难耐",为了避免这一点,人们宁愿在觥筹交错、纸醉金迷中消磨度日。对于这些人来说,寂寞是一种可怕的在任何时候都应该极力避免的情感经历。而如果我们能在寂寞中历练自己的心灵,那么,无论外面的世界多么繁华与喧嚣,我们也可以放飞自己的心灵,什么都可以想,什么都可以不想。一人独处的静美随之而来,清灵随之而来,温馨随之而来。一人独处的时候,贫穷也富有,寂寞也惬意。

享受寂寞,也是忙碌的现代人调剂生活的主要方法。对此,我们可以想方设法给自己制造空闲或尽可能地给自己留出一些可以让自己随意放纵的私秘空间,可以有机会让自己面对自己的真实内心。你可以选择周末休息的时间,远离工作,暂时支开家人,穿上舒服的睡衣,开点轻音乐,把室内灯光调到明暗适中的状态,然后就去很随意地想想自己要做点什么,或者就这样静静享受一个人独处的美妙光景。或者,去自己心爱的书架上随意取出一本自己喜爱的好书,也可以去小心翼翼地翻阅把玩自己珍藏的很珍贵的收藏品……我们有太多可以在寂寞中开阔心境的方法。

你可以把自己的身心交给大自然来净化，漫步于河边，倾听空谷中鸟儿们的绝唱，尽情地吮吸着花儿的芬芳，不要谁来做伴，只有自己，而在这时你是最真实的。抬头仰望天边云卷云舒。让心儿随着自己无边的思绪飘飞。此时，这个世界属于你，你也拥有了整个世界。

你还可以捧一杯香茗，让香气随着空气慢慢弥漫，然后，打开一本好书，让自己在这份难得的宁静中，解读关于生活、关于情感的文字。

你也可以播放轻缓温柔的小夜曲，静静地赖在床上，什么都不想，什么都不做，只让自己沉浸在难得营造出的氛围里。让身心此刻回归本真，默默地享受音乐带给我们的心灵的栖息，让音乐来诠释我们对浪漫的渴求。

你可以背上简单的行囊，到向往已久的地方去，不要害怕一个人孤单，不要与谁为伴，随时出发。也许你会如孩童般滚过一片青青的草地，找寻回儿时的天真与顽皮。也许，你会大喊一声，打破这宁静的时刻，让孤独的内心得到释放的快乐。

成长本身就是一种疼痛。就在这独处的时光中做回真正的自己。在陌生的地方，没人认识你。让这阳光完完全全地照亮那些想喊却没有喊出的日子吧！在这里，一人独处的时光，便是绝顶美妙的时刻！

总之，无论生活多么繁重，我们都应在尘世的喧嚣中，找到这份不可多得的静谧，在疲惫中给自己心灵一点小憩，让自己属于自己，让自己剖析自己，让自己鼓励自己，让自己做回自己……

第9章

淡定是愉悦人心的芬芳——摒弃烦忧拥抱幸福

每个人都有七情六欲和喜怒哀乐，烦恼也是人之常情，是人人避免不了的。但是，由于每个人对待烦恼的态度不同，所以烦恼对人的影响也不同。多愁善感的人喜欢自找烦恼，一旦有了烦恼，就忧愁万千，牵肠挂肚，离不开、扔不掉憋屈难受。而内心淡定的人一般很少自找烦恼，他们善于淡化烦恼，所以活得轻松，活得潇洒。因此，很多时候，想要拥抱幸福并不难，只要我们懂得摒弃烦恼！

知足常乐

我们都知道，人无完人，但对于生活，人们却不能以同样的心态面对。他们总是希望生活可以过得更好，总是希望“万事如意”，而“万事如意”不过是人们相互祝福的颂词，“人生不如意事常八九”才是现实生活的真实写照，人们所面对的总是一些不尽完美的事情。我们无法控制事情，使事事顺心，但我们可以保持一颗淡定的心，做到坦然面对，该放则放，不要把一些“垃圾”总堆在心里，把乌云总布在脸上，把牢骚总挂在嘴上，否则你就会变成倒霉蛋，周围的朋友也觉着你很烦人。

卡耐基曾经遇到过这样一个女士：

这位女士一见到卡耐基，就开始抱怨，先是他的丈夫，她说她的丈夫不好好工作，接下来，她又开始抱怨她的孩子，说她的孩子不好好学习。总之，她有很多不满意的地方。等她抱怨完了，卡耐基对她说：“这位女士，您太追求完美了。”当她听到这句话后，非常吃惊地看着卡耐基，过了好一会才说：“卡耐基先生，您认为我非常追求完美吗？可我并不这样认为啊！而且像我这样相貌也不好、学历也不高的女人，根本不会去追求完美的。”

卡耐基说：“您刚才跟我介绍过你的情况，您想想看，您的丈夫现在才三十几岁，但却有了自己的公司了，这已经是成功人士了，您为什么还认为不够好呢？而您的儿子，他才小学四年级，每次也能考个不错的成绩，您又为什么不满足呢？这不是在追求完美吗？”听了卡耐基的话后，那位女士很长时间都没有说话，最后认同了卡耐基的说法。

其实，生活中有很多这样的人，他们总是对生活现状不满，总是不断追求完美。有的人表现为对自己要求特别严格，而另外一些人则对别人

非常严格，但总体表现，就是看不到生活中美的一面，他们的脸上总是愁云密布。其实，如果他们能转个角度，那么，生活中便处处充满美好。就如上文中那位女士一样，在卡耐基的点拨下，她看到了“儿子学习成绩不错”，“丈夫事业有成”这两点。

“不如意事常八九”。这是古哲在总结了历朝历代人类生活状态所做的总结，就是说一个人的一生不如意的时候占去了生命的十之八九，只有十之一二生活在快乐之中。这一分析未必准确，但人的一生中忧比乐多却是不争的事实。

曾有人用“失意”和“诗意”来形容人类生活的如意与否，确实很贴切。人在快乐的时候，似乎看到的周围的一切都是美丽的，天空是蓝的，空气是新鲜的，甚至孩子的吵闹声也成了赞美诗；而在不如意的时候，周围的一切都是噪声，春雨成了泪滴，阳光也刺眼得让人想躲起来，“感时花溅泪，恨别鸟惊心”，就是失意的真实写照。

但是，我们必须清醒地看到，诗意和失意都是人的心理感受，不同思想境界的人会对同样的人生做出不同的诠释。

你说的失意在别人看来，可能是诗意，同样是失意，一个人可能深陷其中不能自拔，另一个人可能从中奋起走向诗意的前程。因此，我们不妨转换一下思维，当贫穷时，你不妨把它当成一种财富，它让你体会到人生不易，苦中作乐，以苦为荣，这也正是一种诗的意境。

认为自己可以获得更多，总是苛求生活，是导致人们不快乐的主要原因之一。他们总要按照一个不切实际的计划生活，总要跟自己过不去，总觉得生不逢时，机遇未到，所以整天郁闷不乐。而快乐的人明智地选择了从美的角度去欣赏生活，在他们的眼里，总是透露着知足、开心，于是，工作得心应手，生活有滋有味。他们懂得生活的艺术，知道适时进退，取舍得当，快乐把握今天，而不是等待将来。事实上，如果我们每天可以做自

己喜欢的事情，不在乎表面上的虚荣，凡事淡然、不苛求，那么快乐、幸福就会常伴我们左右。

追求圆满的人生，是每个人的愿望，但这个愿望，却是一种幻想，因为它不存在。生活中，很多人穷其一生，都在追求所谓的圆满，真的值得吗？每个人都有缺陷，每件事都会有缺憾。看人看事，都应该先看到其美妙的一面，假如你先入为主，认为此人不值得付出，那么，你看到的都是对方的缺陷。把眼光总盯在丑恶的方面，你永远都找不到快乐，永远不会有好的心情。

比如，失恋是失意，但反过来想，人家既然离开了你，就说明不爱你，缘分已尽，何必强求，前边有芳草，前边也有美妙的诗篇。

再比如，我们认为工作压力大、工作时间长是失意，但如果我们反过来看，年轻时不是正应该努力奋斗的年纪吗？努力工作，才会有灿烂的明天！当你工作的时候，你应全身心地投入，你高吟豪放派的诗歌，把工作当成享受，你乐而不疲，一切失意都会烟消云散。

而当有一天，你离开了工作岗位或者没有了往日的荣耀，你也不必灰心，更不必埋怨人走茶凉，你不必奢求儿孙绕膝，你可以读书，你可以作画，你可以与老友们一起徜徉于琴棋书画中，你还可以采菊东篱，种豆南山，那不也诗意盎然么？此时，我们的心情大致就变成"人生如意事常八九"了。

烦恼皆自找，保持快乐享受幸福

生活中，我们每个人都会遇到一些烦恼，我们常常被这些烦恼困扰着，而事实上，这些烦恼大多都是我们自找的。一个浮躁的人才乐于给自己找麻烦。你可以追寻美好的生活，可以追寻甜蜜的爱情，但你绝不可以

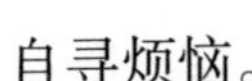

自寻烦恼。

每个人都有喜怒哀乐，人的烦恼，这是避免不了的。但不同的人对待烦恼的态度却是不同的。积极乐观者，一般很少自找烦恼，而且善于淡化烦恼，善于从烦恼中发现快乐，而悲观失望者却总是喜欢无病呻吟，一旦有了烦恼，忧愁万千，难以自拔

大多时候，人的烦恼都是自找的，有些问题其实根本不是烦恼。举个很简单的例子：你已经是一名主管，管理着一大批人，但你却一直觊觎经理的职位，让你没料到的是，这一职位却被一名资历不如自己的人抢走了，你心里很不痛快，而你忽视的一点是，主管的职位已经是很多人羡慕的了，再说位高烦恼多，经理也有经理的烦恼，经理的烦恼可能会多过自己的烦恼。还有的人为钱而烦恼，有了一万想两万，有了两万想三万……还是烦恼，可惜你除了想过钱多的得意，有没有想过钱多的烦恼？钱少的人或许没有钱多的人那么神气，但钱少的人也没有钱多的人那么多担忧。平民小户没有大富人家对盗贼绑架的担心，恐怕也少有为争夺家产使兄弟反目，甚至相残的悲哀。

当我们在为种种苦恼之事感到失落甚至掉泪时，其实快乐就在身边朝我们微笑。做一个快乐的人其实并不难，拥有一个幸福的人生也很简单，只要我们不自找烦恼。

从前，佛祖遇到了一个不喜欢他的人，这个人连续几天都跟着佛祖，并用各种方法辱骂佛祖，但奇怪的是，佛祖似乎没听到这些，从不跟他计较。这人很纳闷，问佛祖是怎么做到的。

佛祖反问道：“若有人送你一份礼物，但你拒绝接受，那么这份礼物属于谁？”

那个人答：“属于原本送礼的那个人。”

佛祖微笑着说：“没错。若我不接受你的谩骂，那你就是在骂自己。”

那个人恍然大悟，摸摸鼻子走了。

这里，佛祖要告诉我们的是，只要你对别人给你的烦恼采取不理不睬，不接受的态度，那么无论别人如何谩骂你、如何对待你，都影响不了你的快乐，夺不走你的高兴。其实，生气是拿别人的错误来惩罚你自己，真正的受害者也是你自己。因此，不要扰乱了自己的心，烦恼往往都是自找的。只要你不接受“烦恼”这份礼物，任何人都破坏不了你的好心情。

美国心理治疗专家比尔·利特尔经过研究认为：一个人若有以下心理或做法，必定会促使其自寻烦恼、无事生非：

1. 总把原因归结于自己

你是不是认为别人不喜欢你是因为你的原因？你是不是认为同事被上级领导批评也是因为你的原因？把消极原因都归结于自己，那么要不了多久，你就会烦恼成疾。

2. 喜欢做白日梦

最可怜、可悲的人莫过于那些总是做白日梦的人，如果你不重新调整你的目标，那么，那些无法实现的目标同样让你烦恼不断。

3. 盯着消极面

不要总是把眼光放在你曾经受到的冷遇上，也不要总是计算自己吃了多少次亏，如果你这样做，你就会运用这种消极的思想来给自己制造烦恼。

4. 制造隔阂

你从未赞美过他人，总是挑刺儿、埋怨，好与人争论，这是制造隔阂、自寻烦恼的妙法。

5. 总是拖延问题

问题一旦出现，你就要解决，因为此时解决很容易化解，而如果你采取拖延的方法，那么，问题只能像滚雪球一样越滚越大，最后一发不可收拾,因此不要“如果错过了解决问题的时机,索性再往后拖拖。”这样,只会使问题变得更糟,必定会导致你的忿怒和苦恼与日俱增。

6. 把自己摆在殉难者的位置

你可能经常会听到家庭中的主妇们会这样抱怨:“没有一个人真正心疼我,对我们家来说,我不过是个仆人而已。”而男人们也会抱怨:“我的骨架都累散了,谁也不把我当回事,大家都在利用我。”要知道,经常这样想,必定会使你烦恼异常,而且还会使周围的人感到讨厌,令你的感觉变得更糟。

做一个快乐的人其实并不难,拥有一个幸福的人生也很简单,只要我们摒弃以上心理或做法。要知道,世界上没有一个人因烦恼而获得过好处,也没有一个人因烦恼而改善过自己的境遇,但烦恼却在随时随地损害着我们的健康,消耗着我们的精力,扰乱着我们的思想,减少着我们的工作效率,降低着我们的生活质量。

人生在世,其实是在为自己而活。活着,本身就是一种幸福。每个人来到这个世界上都是不容易的,也是幸运的。所以,珍惜和善待我们的人生吧,快乐和充实地度过每一天,才是远离烦恼的正确选择。

不完美的美丽才更真实

人生不可能事事都如意,也不可能事事都完美。追求完美固然是一种积极的人生态度,但如果过分追求完美,而又达不到完美,必然会产生浮躁。过分追求完美不但得不偿失,还会令自己陷入泥沼。

从前,有个国王,他有七个女儿,这美丽的七位公主是国王乃至整个国家的骄傲。

这七位公主都有一头美丽乌黑的长发,为此,国王送给她们每个人一

百个漂亮的发卡。

这天早上，大公主醒来，准备梳头，却发现自己的发卡少了一个，于是，她就去二公主房间拿走了一个；同样，二公主也发现自己的发卡少了一个就去三公主那里拿了一个，就这样到最后，七公主的发卡只剩下九十九个。

隔天，邻国一位英俊的王子忽然来到皇宫，他对国王说："昨天我养的百灵鸟叼回了一个发卡，我想这一定是属于公主们的，而这也真是一种奇妙的缘分，不晓得是哪位公主掉了发卡？"公主们听到了这件事，都在心里想说："是我掉的，是我掉的。"可是六位公主头上明明完整地别着一百个发卡，所以都懊恼得很。只有七公主走出来说："我掉了一个发卡。"话才说完，一头漂亮的长发因为少了一个发卡，全部披散了下来，王子不由得看呆了。故事的结局，自然是王子与公主从此一起过着幸福快乐的日子。

为什么我们一有缺憾就想拼命去补足？一百个发卡，就像是完美圆满的人生，少了一个发卡，这个圆满就有了缺憾，但正因缺憾，未来就有了无限的转机，无限的可能性，何尝不是一件值得高兴的事！

同样，现实生活中，我们的生活也是充满遗憾和不完美的。比如，我们都知道家是一个人心灵的港湾，是释放自己的场所，如果因自己追求完美，而对家人增加了许多的限制，这不准那不行，令家人不开心，也会使自己不愉快，家中的每个人都忙碌了一天，都在努力保持自己的形象，回到家再受到限制，当然都会不开心的。所以力求完美，也要看时间、地点、场所，过分要求完美反倒不完美了。

再比如，许多交往中的男女，为了给彼此留下最好的印象，都极力让自己表现得完美，于是，对于自己的缺点和小瑕疵，他们都会隐瞒起来，并用审美的眼光去看彼此，因达成的美感而步入婚姻。而一旦成为夫妻后，

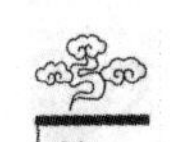

渐渐地发现，彼此不再是初识的那个人，于是在相互的失望中对爱情、对婚姻、对人性、对所谓完美都失去了信心。其实呢，王子也好、公主也罢，都还是婚前的那个人，不同的是他们恢复了真正的自我，那些令我们陌生的发现，其实决非突然出现，只是以前没看到或看不到而已。

生活毕竟是烦琐的，适度的放松实在比事事力求完美更重要，否则把自己和周围的人都弄得紧张兮兮的，会十分疲惫。不完美就让它不完美吧！既然无法达到完美，一味地追求完美岂不是给自己增添许多烦恼？所以，学会和遗憾、不完美为伴吧。

人生不可免的缺憾，你怎样面对呢？逃避不一定躲得过，面对不一定最难受，孤单不一定不快乐，得到不一定能长久，失去不一定不再有，转身不一定最软弱。别急着说别无选择，别以为世上只有对与错，许多事情的答案都不是只有一个，所以我们永远有路可以走。

你能找个理由难过，你也一定能找到快乐的理由。

在现实生活中，我们对人、对事都不宜过于苛求，否则，最终会让自己成为孤独的人，生活在孤寂和焦灼之中。生活的目的在于发现美、创造美、享受美，而不善于发掘它的闪光点和长处的人，就难以找到真正的美。

人生是没有完美可言的，完美只是在理想中存在，生活中处处都有遗憾，这才是真实的人生。事实上，追求完美的人是盲目的。“完美”是什么？是完全的美好。这可能么？“凡事无绝对”，哪里来的“完全”，更不要提“完美”了。既然没有“完美”，那又为什么要去寻找它呢？

不要放大你的疼痛

有个笑话说，一位农夫在收鸡蛋时，不小心打破了一个，他想：一个鸡

蛋经孵化后就可变成一只小鸡,小鸡长大后成了母鸡,母鸡又可以下很多蛋,蛋又可孵化很多母鸡。最后农夫大叫一声:“天啊!我失去了一个养鸡场。”

这个农夫看来着实有点可笑,但在现实生活中像农夫这样的人却大有人在。

夫妻二人,在亲朋好友的祝福下走入婚姻的殿堂,两个人难免有磕磕碰碰的时候,拌几句嘴也属正常,可偏偏有人钻了牛角尖,将拌嘴升级为打斗,本来可亲可爱的人露出了凶恶面孔,即使战火息止,也难免伤了感情,甚至闹到以离婚收场。

刚上学的孩子学习速度慢,几个星期下来,大字不识几个。看着自己的孩子不如别人家的聪明,想想他今后糟糕的学习成绩,那上大学肯定有问题,上不成大学,哪里来的好工作———父母亲便如热锅上的蚂蚁坐卧不安,对孩子没有了好声气,夫妇之间也少不了要互相报怨。面对如此让人烦心的问题,再坚强的心也会被击垮。但这样的父母也未免太有“远见”了。孩子还小,理解力有限,也许一个偶然的提示就能让他转过弯来,孩子依然会收获自己的成功。

一些老年人,容易瞎想,会“想象”出很多痛苦,如退休金没人家多;住房没人家宽敞;孩子的工作没人家的孩子好……放大痛苦,结果是有百害而无一利。

我们总觉得活得很累,我们总有宣泄不完的痛苦,这是为什么?原因很多,但原因之一肯定是我们常犯一种错误——放大痛苦。

在面临不幸的时候,如果一味地放大痛苦,问题就会越来越糟;如果辩证地想一想也许就豁然开朗了。

任何人都难免失误,但正确面对失误,把失误局限化,并积极寻求解决和弥补的办法,这才是我们应有的生活态度。

卢梭说过:"除了身体的痛苦和良心的责备以外,一切痛苦都是想象出来的。"俗话说得好:生活像面镜子,你哭它就哭,你笑它就笑。让我们生活中的笑更多些,千万不要放大痛苦。

有一天,古刹内来了一位富态的中年妇女。她对方丈说,自己最近失眠,还食不下咽,浑身乏力,做什么事都没有激情,很想了却尘缘,遁入佛门。方丈观人无数,且颇懂医术,听完那位妇人的描述后,便说:"不忙,待老衲先给施主把把脉如何?"妇人点头应允。

切完脉,观完舌苔,方丈微微一笑:"体有虚火,并无大碍。"顿了一下,方丈又接着说:"我看施主定是心中烦恼太多。"

中年妇女一听,心想方丈果真是高人,便把心中所有事情逐一向方丈倾诉。方丈很随意地跟她聊着:"你家相公与施主感情如何?"

妇人脸上有了笑容,说:"感情很好,几十年来都是相敬如宾,从未红过脸。"

又问:"施主膝下有无子女?"

妇人眼里闪出光彩,说:"有个乖巧、漂亮的女儿。"

方丈又问:"家里的生活不好吗?"

妇人赶忙摇头说:"家里世代都是做生意的,生活算得上是镇上的富人家了……"

方丈铺开纸墨,边问边写,左边写着她的苦恼之事,右边写着她的快乐之事,然后把写满字的纸放到妇人面前,对妇人说:"这张纸就是治病的药方。你把苦恼之事看得太重了,所以忽视了身边的快乐。"

说着,方丈让徒弟取来一盆水和一只苦胆,把胆汁滴入水盆中,浓绿色的胆汁在水中淡开,很快就不见了踪影。方丈说:"胆汁入水,味则变淡。人生何尝不是如此?施主,不是您承受了太多的苦痛,而是您不善于用快乐之水冲淡苦味啊。"

其实，生活中的我们，何尝不是和这位妇人一样，不懂得淡化自己的烦恼和痛苦，反而放大它们呢？而当我们为种种苦恼之事感到失落甚至掉泪时，其实快乐就在身边朝我们微笑。

生命仿佛是一片神秘的原始森林。有时，我们谁也不知前方是什么，只是不停地追求，探索。挫折就是森林中的野兽，不知什么时候就会侵占你的领土。痛苦是心灵中的一株野草，在挫折“光顾”你的领土时，痛苦若是过度繁殖，那么它就会占据你心中的阳光、水和空气，你心中的快乐、希望、幸福就会消失。

因此，当我们遭遇挫折时，我们应该告诉自己：“不要放大痛苦！”

别把时间浪费在无尽的抱怨中

生活中，我们常常听到身边的人抱怨道：“哎！工作太累，天天都有做不完的活，连喘口气的机会都没有！”“看看我们公司的那伙人，那是什么素质简直没法说！”“我们家那位一天只知道挣钱，连结婚纪念日都忘记了。”“我怎么就生了这么笨的一个儿子，学习好像从来不用脑子。”……抱怨就像瘟疫一样在我们周围蔓延，愈演愈烈。他们好像从来就没有过顺心的时候，无论什么时候和他们在一起，你都会听到有人在抱怨。高兴的事情抛在脑后，不顺心的事情总挂在嘴上。因为抱怨，他们不仅把自己搞得很烦躁，也把别人搞得很不安。相反，那些内心淡定的人，他们总是如快乐的小鸟，当别人抱怨时，他们却倍加珍惜时间，因为他们深知，抱怨毫无用处，充实内在，用行动说话才是硬道理。

有这样一个故事：

画家列宾和他的朋友在雪后散步。他的朋友瞥见路边有一片污渍，

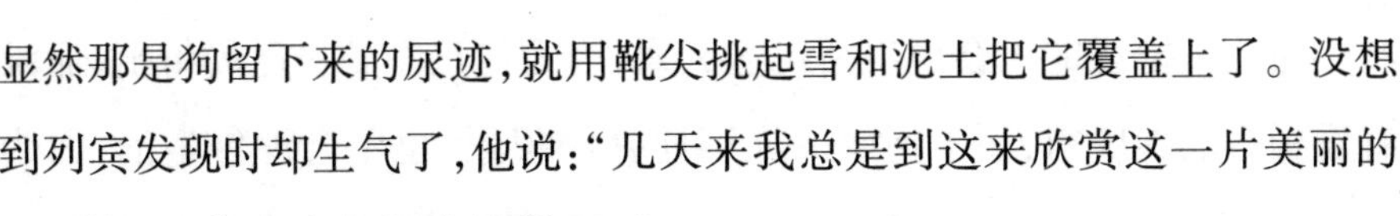

显然那是狗留下来的尿迹，就用靴尖挑起雪和泥土把它覆盖上了。没想到列宾发现时却生气了，他说："几天来我总是到这来欣赏这一片美丽的琥珀色，而你现在却把它涂抹了。"

在生活中，当你埋怨别人给自己带来不快，或生活不如意时，想象那片狗留下的尿迹，其实，它是"污渍"，还是"一片美丽的琥珀色"，都取决于你自己的心态。

比如，早上起床晚了，抱怨的人会想："家里人为什么不叫我一声？真是不负责任！"不抱怨的人会想："也许他们是想让我多睡一会儿。"

出门走路，与别人撞了一下，抱怨的人会想："挺大个活人都看不见，长眼睛干什么的？"而不抱怨的人会想："他肯定有什么急事儿，没看见，也怪我没注意。"

到了公司，同事从对面走过来却对你视若无睹，抱怨的人会想："他对我有意见？牛什么？我还懒得理他呢。"不抱怨的人可能想都不会想，顶多会想："他准是想着心事，没留神。"

你辛辛苦苦做完一件工作，满以为会得到上司的夸赞，但谁知道上司不哼不哈，连个高兴的脸色都不给，抱怨的人会想："遇到这样的上司，活该我倒霉，一辈子都没有出头之日了。"不抱怨的人会想："这本就是我分内的事。"

下班了，原本打算早点回家的你，却被临时通知要开会，抱怨的人会想："下班都不让人轻省，这是什么破公司！"不抱怨的人会想："也许真有什么重要的事情。"

好不容易回到家，爱人还没回来做饭，抱怨的人会想："一天忙得要死，却连顿现成的饭都吃不上！"不抱怨的人会想："今天有个一显身手的机会了，我要给爱人一个惊喜。"

……

为什么抱怨的人会说生活得这么累,因为他只看到自己的付出,而没有看到自己的所得;而不抱怨的人即使真的很累,也不会埋怨生活,因为他知道,失与得总是同在的,一想到自己的所得,他就会感到高兴。

的确,抱怨只会让我们浪费掉大把的时间,因为它会破坏我们原本积极的潜意识。你可能有过这样的体会,只要我们的头脑中有一丝抱怨的意识,那么我们手中的工作就会不由自主地慢起来,然后为自己鸣不平、讨公道,甚至是抱怨老天不公。在这种坏心情的影响下,不仅我们的工作和生活都受到了影响,我们的心态也会改变,而真正的勇者,他们从不抱怨,他们总是能淡定、冷静地看待世界,审视自己,最终成就自己。

其实,没有一种生活是完美的,也没有一种真正让人满意的生活。如果我们能做到不抱怨,而是以一种积极的心态去努力进取,那么,收获的将会更多,而如果我们一旦养成抱怨的习惯,那就像搬起石头砸自己的脚,与人无益,于己不利,于事无补,生活就成了牢笼一般,处处不顺,时时不满。所以,每个人都应该认识到:自由地生活着,其实本身就是最大的幸福,哪有那么多抱怨呢?

因此,不要抱怨你的专业不好,不要抱怨你的学校不好,不要抱怨你住在破宿舍里,不要抱怨你的男人穷或你的女人丑,不要抱怨你没有一个富爸爸,不要抱怨的你工作差、工资少,不要抱怨你空怀一身绝技却没人赏识,不要抱怨你的老板不近人情,不要抱怨你的同事素质低……生活是你的朋友,不是你的敌人。虽然现实有太多的不如意,但就算生活给你的是垃圾,你同样能把垃圾踩在脚底下,登上世界巅峰。

忘却眼前不快,快乐只是一个转身

纷纷扰扰的尘世中,人们不断追逐着自己想要的生活,但终极目标却

始终是快乐。然而，生活毕竟是生活，它就如一枚绿橄榄，慢慢咀嚼，既有清泉般的甘醇，也有难以诉说的苦涩。如何去坦然面对这一切，人人都有自己的方法。但唯有保持身心愉悦，热爱生活，才不至于活得太沉闷，太矛盾。内心淡定的人即使遇到不快之事，也会以忘却的方式来洗涤心灵，让自己的心灵更纯净，从而接受转身而来的快乐。

有个老人，他的爱好就是摆弄盆景，每天他把大部分时间都会花在这上面。

一天，老人去外地看亲戚，出门前，他告诉儿子一定要细心照看好那些他视若珍宝的盆景。

父亲的话，儿子不敢怠慢，于是，在老人外出期间，儿子很精心地照料着这些盆景。尽管如此，花架上还是有一个盆景在儿子浇水时不小心被碰倒了，打碎了。儿子因此非常害怕，准备着等父亲回来后接受处罚。

老人回来后知道了此事，不但没有责备儿子，还说："我栽种盆景是用来欣赏和美化家里环境的，不是为了生气的。"

老人说得好，种植盆景，并不是为了生气。因此，他的心情也不会因盆景的得失而受到影响。如果无欲无求，了无牵挂，则气无处生。

人不是为了生气而活着的，只有心平气和，才不会愚蠢到去拿别人的错误来惩罚自己。

很多时候，人们都是为过去所累，过去的冤怨，过去的争吵，过去的误解，过去的情感，包括过去的辉煌与荣耀。其实那些，不过只是飞过头顶的一片云彩，飘过眼前，便云消雾散。懂得忘记不快的人是豁达的、成熟的、美丽的。

忘却是内心豁达、经历世事沉淀后的表现。人生无常，无论发生什么，生活还得继续，忘却那些悲痛、那些过往，你才有勇气继续赶路！

忘却也是一种内心成熟的表现，在每一个无人的夜晚，梳理思绪，不

要再有目光穿透伤悲，活在当下，更真实地拥抱自己！

忘却更是一种心灵美丽与空灵的写照。你不必刻意去遗忘，但只要是你想抛弃包袱，没有什么不可能的。而无意的遗忘，是一种不深刻的体现，也体现了人生的练达旷意。

当然，无论你是否富有，无论你有怎样的社会地位，你都免不了烦恼，甚至有些烦恼是自找的。因为人是现实的，不是超脱凡俗的圣人，既然这样，我们就要学会善于淡化烦恼，忘记烦恼。

那么，如何才能淡化和化解烦恼呢？你可以试试以下方法：

第一，反方向思考。

如果发生了什么天灾人祸，死伤多人，是为不幸。而对于那些幸存者，莫不是最大的庆幸；

第二，把一切交给时间。

时间能治愈好一切痛苦。倘若你主动从时间的角度来考虑一下，心中对烦恼之事的感受程度可能就会大大减轻。比如，如果你失恋了，刚开始的第一个月，你痛苦万分；第二个月，你心有隐痛；第三个月，你便能走出过去，重新寻找爱情了。

第三，不要逃避。

现实已经摆在眼前，我们再后悔、哀婉都无济于事，我们要做的就是先接受现实，然后进行弥补，最大可能地减少损失，否则过多的后悔、不休的责备，不仅于事无补，而且还会扩大事端，增加烦恼。

第四，做事件的旁观者。

俗话说：旁观者清，当局者迷。就烦恼之事来说，也是如此，置身于烦恼之中的人，往往执著一点，甚至钻“牛角尖”，千丝万缕难找头绪，甚至自己无法控制自己，此时局外旁观者的劝导，往往可以起到指点迷津，淡化烦恼的作用。如果你正处于烦恼之中，你不妨做一下自己的旁观者。

当然,忘却不快,并非是简单地对过去的遗忘,而是把往昔的痛苦与烦恼沉淀于心底,更好地主宰自己的命运,把握未来。学会遗忘,走出烦恼泥潭,便会倍感生命的可贵,生活的绚丽,从而让生命更富于朝气和力量。

请记住一句话:烦恼就像天空上的一片乌云,如果你的心中是一片晴空,那么烦恼不会对你有丝毫影响。

抓住缝隙中的美丽幸福

谈到幸福,很多人可能会问:“什么是幸福”,“到底怎样才能获得幸福呢?”每个人都有自己的生活,也许 100 个人就会有 100 种对幸福的理解,甚至会有 1000 种不同的答案。幸福是属于自己的,幸福其实很简单,只要你细心一点,你就会发现,即使缝隙中,幸福也会存在。

生活中,很多人认为自己不幸福,认为自己活得累,并不是因为他们真的不幸,而是因为他们只是一味地盯着前方的目标,而忘了欣赏沿途的风景。同样,如果我们对生活越是苛求,越是盯着那些得失不肯放手,就越容易中途失去力气,为无果而沮丧;如果我们能让心情愉悦,并放慢脚步,聚焦“细节”,抓住缝隙中的美丽幸福,反而能收获一路的风景。人生的路很长很长,相信幸福一直在路上,只等一颗宁静和细致的心去发现。

罗丹说:“这个世界不是缺少美,而是缺少发现。”幸福也是如此。心态淡定的人还有一双眼睛,它不是长在脸上,而是长在心中。这双眼睛比自然的那双眼睛更为重要,因为从这双眼睛中,我们看到更为美丽的、细腻的世界。

杨眉有着众多女性羡慕的生活,自己经营着一家皮具公司,有自己的品牌,生意红红火火,而她的老公,因为生意上的失利,最终赋闲在家,当

上了全职“煮夫”，每天接孩子、做饭、洗衣服。但杨眉心里是不乐意的，因为在外人看来，她的丈夫很没出息，于是，经常一回到家，她不管遇到什么不开心的事儿，都会朝老公发脾气。幸好，老公是个好脾气的男人，从来不跟她计较。时间一长，她觉得，自己赚钱养家，老公似乎就该忍受自己的坏脾气。但经过一件事之后，她才发现，原来，自己一直以来都是身在福中不知福。

这天，她正在办公室看资料，看到不明白的地方，她打电话给秘书小吴，但电话却占线，于是，她走到小吴的办公室，原来，小吴和家人在通电话，好奇心驱使她继续听下去。她隐约听到小吴说：“我知道了，晚上要吃红烧鱼，家里要来客人？你放心，我一会儿下班就去买菜。女儿还是我接？那行吧，我买完菜去学校门口等女儿……”

小吴终于挂了电话，杨眉在门外叹了一声：好辛苦的女人！凑巧小吴看到了站在门外的杨眉，于是，她赶紧说：“董事长，不好意思，家里有点事，刚占用了点工作时间。”

“没事的。我看你，每天得工作，还得照顾家庭，这不是很累吗？”

“是啊，我真的羡慕董事长您，每天回到家里，您爱人都能理解您，自己做家务。有时候，人们常说，应该男主外，女主内，其实我看，任何一种模式都可以有幸福的生活。我虽然累点，但是每天下班就能看到丈夫在家，看到父母健健康康的，也就不累了。”

是啊？自己怎么没看到这些幸福呢？

这天下班后，她回到家，听到丈夫说：“回来了？赶紧来洗手，马上开饭。”看到系着围裙在厨房做饭的老公，杨眉第一次发现，原来自己这么幸福，她忍不住走到老公身边，抱住老公，对他说：“亲爱的，辛苦了。”听到妻子这么说，丈夫也会心地笑了。

的确，从这个温馨的瞬间，我们发现，要找到幸福，并不在于正在发生

的事,而是在于你是否具有发现幸福的能力。世界上其实不缺乏幸福,而是缺乏感受幸福的能力。

其实幸福很简单,如果你具备感受幸福的能力,那么,下雨时的一把伞、饥饿时的一碗饭、寒冷时的一盆炭火,都能让你觉得幸福。我们要懂得感知幸福,幸福就是奋斗;幸福就是付出;幸福就是成功的喜悦;幸福就是一种乐趣。幸福永远在路上。

从现在起,我们不妨带着一双发现美的眼睛,为生活中的“小幸福”而欢呼:当清晨醒来,阳光透过窗帘缝隙洒到你的房间,又是一个阳光灿烂的日子,你不必为上班而匆匆忙忙,你可以懒懒地躺在床上,你能感觉到幸福;在一场飘渺地秋雨之后,你站在宽大的窗前,呼吸着窗外清新的空气,看着晶莹的雨珠从树枝上滑落,雨洗后的草坪愈加葱郁和青翠,孩子们快乐地在上面嬉戏、打闹的时候,你也能感觉到生活的惬意与美好。幸福常常是如此简单,简单到一句话,一首诗,一个清晨,一个问候,一个场景,简单到我们日常生活中的点点滴滴,都无不蕴藏着幸福。我们要为每一次日出、草木无声的生长而欣喜不已;我们要重新向自己喜爱的人们敞开心扉;我们要热情地置身于家人、朋友之中,彼此关心,分享喜悦。

总之,我们若想得到幸福,就要学会发现那些细腻的幸福,就要学会享受简单的快乐。生活越简单,幸福快乐越多。我们需求的越少,得到的自由就越多。多一分舒畅,少一分焦虑;多一分真实,少一分虚假;多一分快乐,少一分悲苦,这就是简单生活所追求的终极目标!

第10章

淡定是知退能忍的张力——达观之心怡然自得

人活于世，我们不可能只活在自己的世界内，每个人都要与人接触，于是，就产生了人与人之间的竞争、利益的争夺等。对此，内心淡定者会选择忍耐而不是逞一时之气，忍耐是一种承担、一种处理、一种等候。忍耐并不是逆来顺受，不是消极颓废，也不是在沉默中悄然降下信念的帆。忍耐是当一根火柴燃烧到一半的时候，接受另一半炙热的煎熬。学会忍耐，挺起坚强的脊梁，用快乐和潇洒清扫尘灰般的意志，人生不论是低迷还是高涨，你的人生都将壮美如画。

忍耐不是软弱，而是一种淡定

人活于世，难免会受到一些伤害，有些伤害是可以通过法律途径解决的，而有些伤害，是没有什么机构可以为你伸冤叫屈的。面对他人带给你的伤害，你是会把它滞留在心里，还是一笑而过呢？

我们来看看富兰克林是怎么做的：

富兰克林出生在一个世代打铁的工匠家庭，12 岁的小富兰克林后来流落到费城，有一个叫凯谋的阴险狡猾的人雇佣富兰克林帮他管理印刷厂。当时富兰克林已经是一个熟练工人，他想，既然答应接受这份工作，就应该尽力做好。于是，他就每天教其他工人一些技术，甚至把自己发明出来的制作字模的方法也传授给了这些人。

过了一段时间，凯谋发现自己廉价雇佣来的工人已经基本掌握了排版印刷技术，于是就开始无缘无故找富兰克林的麻烦，无端克扣他的工资。富兰克林说："凯谋，别绕弯子了，你可以赶我走，不过，你放心，我富兰克林不会因为你的卑鄙就传授给他们错误的技术，将来你解雇他们的时候，他们凭借自己的手艺也可以很容易地找到工作。"说完，富兰克林收拾行李离开了。

富兰克林的做法是大度的，不与卑鄙小人置气，选择离开，是一种淡定的表现。

人生需要更多的智慧，用这些智慧来解决问题。不以消灭对方或简单暴力的方式结束彼此关系，可以给自己和冲突方最大的回旋余地，何乐而不为？比如，对待一个长舌妇，以牙还牙就失去了身份，一笑而过、沉默不语也未必不是一种很好的还击方法，必将使之感到羞愧。

忍耐并非懦弱，而是一种淡定。俗话说：忍字头上一把刀，这把刀让

你痛,也会让你痛定思痛。这把刀,可以磨平你的锐气,但也可以雕琢出你的勇气。百忍成钢,当你的心性修炼得有如镜子般明彻、流水般圆韧时;当你切切实实生活在不以物喜,不以己悲的宁静中时;当你发觉胸中不断流动着"虽千万人而吾往矣"般的勇气时,历经千锤百炼,你的刀也就炼成了。

其实,我们不难发现一点,那些事业有成或者能力突出者,反而会成为人们抨击、伤害的对象。当你事业有成时,你可能不会再为日常生活中的柴米油盐和孩子的学费发愁,也不再像事业初创时期那样疲于奔命,但新的问题又来了,那就是那些嫉妒者的诽谤,竞争者的诋毁,于是,在你的生活圈内,关于你的谣言四起,攻击你的语言风起云涌。比如,他们会谣传因第三者的出现,你与爱人即将离婚;你与某个明星走得很近等。面对种种谣传,你该怎么做?

你绝对不能因此而生气,更不能大动肝火,如果真这样,你只会越描越黑,让他人产生很多无端的猜忌,另外,你也会因为这些空穴来风的话而大伤脑筋。其实如果你能做到内心淡定,并包容这些伤害,凡事不做过多的解释,一笑置之,那便是最好的证据和回击的武器。

有一天,在拥挤喧闹的百货大楼里,一位女士愤怒地对售货员说:"幸好我没有打算在你们这儿找'礼貌',在这儿根本找不到!"

售货员沉默了一会儿说:"你可不可以让我看看你的样品?"

那位女士愣了一下,笑了。售货员的幽默打破了他们之间的尴尬局面。

可见,事情弄得很紧张、很严重的时候,如果我们能大度一点,笑对他人对我们的伤害,便可巧妙地避免麻烦和纠纷。如果那位售货员对于争吵也采取一种较真的态度,或者大发脾气,那对大家又有什么好处呢?无非是更加激化双方的矛盾。正因为意识到这一点,这位售货员巧妙地批

评了那位女士的无礼，从而制止了进一步的争论。

其实，人生只要不存在原则上的对立，就没必要战争，没必要硝烟，没必要对抗，更没必要老死不相往来。淡定者往往能表现出豁达包容的气度，他们更能得到别人的尊重和帮助，他们会因为谦和的姿态避免成为别人的攻击目标，他们有着更加和谐的人际关系，从而使自己的工作、事业、生活顺风顺水。

所以，请淡定一点吧，如果是恶意的伤害的话，你可以一笑了之，因为一定是你在某一方面做得很好，可能别人是出于嫉妒的心理，对于这一类人你可以不用管他，继续走自己的路，过自己的生活。

以退为进是智者的选择

当今社会，处处存在激烈的竞争，与对手较量，难免会产生利益冲突。此时，那些以大局为重的聪明人绝不会逞一时之勇，与对手斗气，而是先隐忍过去，以退为进，隐藏实力，并伺机而动，厚积薄发。尤其是当自己还羽翼未丰时，更要懂得韬光养晦，这是保存实力、积蓄力量的重要手段。“退避三舍”的故事就说明了这个道理。

春秋时候，晋献公因为听信谗言，杀了太子申生，又派人捉拿申生的异母兄长重耳。重耳事先知晓此消息，就逃出晋国，在外流亡十几年。后来，经过一番跋山涉水，他来到了楚国，楚成王是个有远见卓识的君王，他认为重耳日后必定大有作为，在闻讯重耳来到楚国后，便以国君之礼相迎，待他如上宾。

一天，楚王设宴招待重耳，两人饮酒叙话，气氛十分融洽。

忽然楚王问重耳：“你若有一天回晋国当上国君，该怎么报答我呢？”

重耳略一思索说：“美女侍从、珍宝丝绸，大王您有的是，珍禽羽毛，

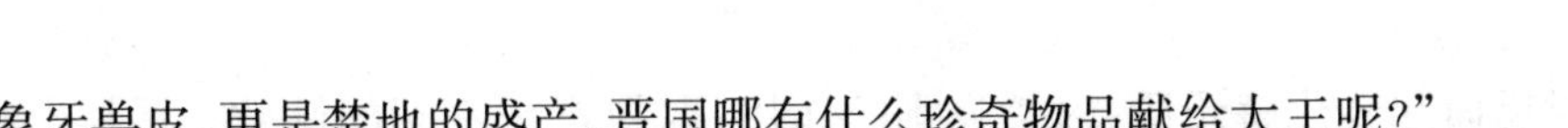

象牙兽皮,更是楚地的盛产,晋国哪有什么珍奇物品献给大王呢?”

楚王说:“公子过谦了,话虽然这么说,可总该对我有所表示吧?”

重耳笑笑回答道:“要是托您的福,果真能回国当政的话,我愿与贵国友好。假如有一天,晋楚国之间发生战争,我一定命令军队先退避三舍(一舍等于三十里),如果还不能得到您的原谅,我再与您交战。”

四年后,重耳真的回到晋国当了国君,就是历史上有名的晋文公。晋国在他的治理下日益强大。

公元前633年,楚国和晋国的军队在作战时相遇。晋文公为了实现他许下的诺言,下令军队后退九十里,驻扎在城濮。楚军见晋军后退,以为对方害怕了,马上追击。晋军利用楚军骄傲轻敌的弱点,集中兵力,大破楚军,取得了城濮之战的胜利。

这就是“退避三舍”的故事,以退为进,然后诱敌深入,从而给自己留下了主动出击的后路,获得最后的成功。

懂得减速和停止,是人生的一种境界。一味地追求高速度和高效益,也许并不能达到预期的目标,反而会适得其反,用了多大的冲劲,就能招致多大的损伤。或许就是因为有了喘息的机会,才有足够的体力进行下一步的飞跃。

生活犹如爬山,你的周围是群山峰峦,有上坡就有下坡。“上坡容易下坡难”,这是众所周知的道理。上坡大家都会一鼓作气地向前冲,或许中间不需要停下,但下坡时,如果你不懂得如何停止,那么你很可能摔得头破血流。

即使是平地亦是如此。平地的时候你需要停止,因为你看不清楚前面的方向,就更需要适时地停下,或休息调整或稳定前行。

其实,当今社会,与人交往亦是如此。不少人争强好胜,锋芒毕露,给人咄咄逼人的感觉。其实用点心机,适当“示弱”,并不是表示你无能,有

时反而起到化解矛盾、以柔克刚的作用，取得意想不到的妙效。承认“无知”，多学多问，是铺设走向成功之路的必备素质。学会了妥协，就能学会以屈求伸，以退为进，以静制动，以柔克刚，你才可能成为最后的胜利者。

以退为进，是平心静气后的理智思考，有利于自己找到目标。打个比方说，人走在沙漠中，不知往哪个方向走，会心慌意乱，这就是为什么有些人会死在沙漠中。倘若能冷静下来，借助星辰找准方向，朝着一个方向走，结果会大不一样。

以退为进，也不是一味忍让，而是为了实现双赢。在《将相和》的故事中，蔺相如一而再，再而三地忍让着廉颇，终于使廉颇认识到自己的错误，使自己和廉颇都能各尽其用，使赵国繁荣昌盛。李嘉诚不贪小利，对于失败的竞争对手，他并没有死追穷打，而是留条财路给他人，最终使他自己成为亚洲第一富豪。以退为进，不仅为自己，也为了别人。

可见，进，是我们每个人都追求的目标；退，则是为了更好地进。进退之间，方显智慧。

“退让”并不等于怠惰、麻木、迂腐和世俗，毫无忧患意识和危机感；退让是自我意识的校正，自我心态的调整，是退一步海阔天空的气度，退让是绝处重生后的喜悦。退让是一种战术，也是战略，更是成大事的智慧。

不过，我们也不可能事事退让，妥协要看具体情况，要看你的大目标所在。为了达到大目标，可以在次要的目标上做适当的让步。这种妥协并不是完全放弃原则，而是以退为进，以屈求伸。我们要有长远的眼光，以大目标为我们的根本动力，适当的时候妥协，才会离我们的大目标更近一步！

退一步海阔天空

俗话说:忍一时,风平浪静;退一步,海阔天空。这是一种包容忍耐的气度,而不是胆小怯懦的退缩。有句老话说的好:吃亏者长在,能忍者自安。所谓忍,不是忍气吞声,而是一种大度;退,不是惧怕而退,而是谦让宽容。退一步,不是怯懦、退缩、屈服与逃避。退一步,是忍耐、坚韧,大度的胸怀。

与人打交道的过程中,那些做事太过认真,爱较真的人,在人际交往中,总是吃不开。这就再次证明,“难得糊涂”确实是一剂人生“良药”。小则使自己免受伤害,大则能助自己飞黄腾达。正因为如此,“难得糊涂”已经深入到许多成功者、或希望成功的人的心头,真的成了人生的信条。

美国第三任总统杰斐逊与第二任总统亚当斯从交恶到宽恕也是这个道理的显现。

杰斐逊曾是美国总统,在他就职前夕,他来到白宫,目的是想表明自己的立场,想告诉亚当斯:他希望针锋相对的竞选活动并没有破坏他们之间的友谊。

然而,就在杰斐逊准备开口前,亚当斯居然暴跳如雷,说:“是你把我赶走的!是你把我赶走的!”之后好多年,他们二人都没有来往。

后来一次,杰斐逊的几个邻居去探访亚当斯,这个坚强的老人仍在诉说那件难堪的事,但接着冲口说出:“我一直都喜欢杰斐逊,现在仍然喜欢他。”邻居把这话传给了杰斐逊,杰斐逊便请了一个彼此皆熟悉的朋友传话,让亚当斯也知道他的深重友情。后来,亚当斯回了一封信给他,两人从此开始了美国历史上最伟大的书信往来。

这个例子告诉那些还在为鸡毛蒜皮的小事而与朋友老死不相往来的人，那些为了一些不值一提的小事与人大打出手的人，懂得退让是一种多么可贵的精神！我们要以宽容的心态对人，宽容是解除人际间的误会和不快的最佳良药，宽阔的胸怀能使你赢得朋友，能和那些伤害你的人化干戈为玉帛，因为宽容代表了理解，它是一扇心灵的大门，把心放宽一点，门就不会挤了。受到伤害，心中不快乃人之常情，但唯有以德报怨，唯有容人之过，才能赢得一个温馨的世界。释迦牟尼说："以恨对恨，恨永远存在；以爱对恨，恨自然消失。"

古时候，有两个人，分别叫王黎和陈昆，他们是邻居，祖祖辈辈住在一起。一天夜里，王黎偷偷地将隔开两家的竹篱笆向陈昆家移了一点，以便让自己的院子宽一点，恰好被陈昆看到了。王黎走后，陈昆不但没有追上去大骂一顿，反倒将篱笆又往自己这边移了一丈，使王黎的院子更宽敞了。王黎发现后，很是愧疚，不但还了侵占陈家的地方，而且还将篱笆往自己这边移了一丈。

陈昆的主动吃亏，让王黎感到内疚，他觉得自己是在"以小人之心度君子之腹"，这就欠下了陈昆的一个人情，即使他还了这个人情，但每当他想起时，他还是会内疚，还是会想法报答陈昆。

这个故事中，陈昆在看到邻居王黎的行为后，不但没有抓住机会"讨回公道"，反倒给对方更大的空间，表面上是陈昆吃了点小亏，但实际上因为他会吃亏，反而赢得了王黎的友谊和尊重。

说起来简单，但现实中又有几人能付诸行动？在别人不小心触犯到你的利益时，一句"我不介意"大可以一笑了之；在别人犯了无心之失时，你也可以说一句"没关系"；在别人观点发生分歧时，说一句"这没什么。"这寥寥数语虽然人人会说，可又有多少人能将它深植在心中？世间有多少人为公车上的磕磕碰碰争得面红耳赤？多少人为生意场上的蝇头小利争得你死我活？多少人为了学术上的不同观点弃斯文于不顾？在那一刻这些人有没有想到“退一步海阔天空”的道理呢？我们的世界五彩缤纷，每个人都是一个独立的个体，任何人都不能将自己的思想、行为强加于人，而我们又必须在同一片天空下生活，人类要和谐共处就必须要学会宽容，如那尊弥陀寺的大佛，展开胸襟，绽开笑脸，接纳天下事，这时，心灵便比大地更厚重，比天空更广阔。

那么，我们该如何做到退一步呢？这需要我们站在他人的角度来思考问题，或者多想想这件事情所带来的好处，凡事都有它的两面性。

其实，生活中有很多事都是我们所无法掌控的。大家都想占便宜，又哪里有那么多的便宜让人来占呢？保持一颗平常心，吃得起亏，也许真的会成为人生的一大幸事。在现代交际中，我们也要学会忍耐和包容，自己吃点亏，也是一个很好的交际方法，这会让我们在对方眼里变得豁达、宽厚，让我们获得更深的友谊，会使对方更心甘情愿地帮助我们，为我们做事。

夫唯不争，故天下莫能与之争

古往今来，人们都强调竞争的重要性，敢于争取、勇于竞争，才能为自己赢得一席之地。尤其是在当前的社会转型期，市场经济条件下的竞争已呈现在社会的每个角落，人际间的竞争结果往往与人们的生存质量息息相关。因而，人们再也不能固守着自己的一片天地高枕无忧了。但我们还应该看到，一味地竞争，杀机四伏，着实会令草木皆兵，给人际交往带来重重障碍。如果我们能做到“淡泊名利”，不与人争抢，并加强合作，进而弱化竞争，就会给双方带来安全感，也只有这样，人们才愿意与你结交，才愿意和你一道工作。这是优化交际环境，提高交际质量的根本策略。

老子说："不自见，故明；不自是，故彰；不自伐，故有功；不自矜，故长；夫唯不争，故天下莫能与之争。"不与人争抢，这是一种大智慧。正像"水"一样，利万物而不争，以其善下之，故能成其大；以其性柔弱，攻克天下之至坚。生活中，我们常能看到一种现象，有些人争强好胜，却常常事与愿违；有些人不争不抢，而常常坐享其成。这正应了人们常说的一句话："有心栽花，花不开；无意插柳，柳成荫。"《菜根谭》中"烦恼皆因强出头"和心理学上讲的所谓"性格悲剧"不就是这个道理吗？不与人争又是一种大境界。"不争"其本身就是一种与人为善，就是对他人的一种宽容。就是这"退一步"、"让一时"能减去多少争执，少去多少烦恼甚至避免多少灾难！

清康熙年间，在海宁，有个学富五车的人，但却孤傲自大，不肯为朝廷所用，让康熙费尽心机。最后，这个人终于答应进京面见天子。

那么，该由谁去接他呢？康熙又开始犯愁了，因为此人不仅富有学问，口头表达能力也让人惊叹，他有说不完的话。此次迎接活动，纪晓岚都推辞了，他觉得自己不能胜任，自知不是海宁人的对手。康熙很尴尬。

还是宰相说了一个人选，皇帝很满意。

宰相推荐的这个人是谁呢？原来是一个听力有障碍的人，一个大字不识几个的武官，长相倒是很儒雅。倘若你骂他，他就装着听不见；你表扬他，他比谁都听得清楚。

于是，此人出发了。接到海宁人以后，海宁人谈天说地，卖弄本事，倒真是个上知天文、下通地理之人，说话即是吟诗，开口就是学问。而这个武官马步站桩，坐在船头，不时"唔唔嗯嗯"。任凭你口吐莲花，口燥唇干，他只是捻须微笑，一个字也不发。

这海宁人开始还饶有兴趣，谈古论今，闹腾到后来，觉得索然无味，及至上了岸，到了京城地面，像经了霜的茄子，恹恹的提不起半点精气神。

他始终没弄明白康熙派来的接船人到底有多大学问。

这只是一个故事,但这其中却蕴含着一个很大的哲理。现实中我们通常会见到某些人为了一些小事而争论不休,最后不搞个面红耳赤、不可开交决不罢休,人之患在好为人师,与人交往,退后一步,反而更有利于前进,正验证了"无欲则刚,有容乃大"这个道理。

成大事者,不会是小气的人;成气候的商人,也绝对不是目光短浅,斤斤计较的人。因为他们懂得,暂时的谦让也许会带来更多的机会和收益。

与人交往,凡事争第一,很容易成为众矢之的;而只有做到低调行事、懂得隐藏自己,即使吃点亏,你也赢得了人心,那么你自然就是别人眼中的"好人",拥有了好人缘,荣誉和信任必将接踵而至。

鹬蚌相争两败俱伤

当今这个时代,每个角落里都散发着竞争带来的紧张气氛。诚然,在你追我赶的现代社会,竞争对于提升自我价值与空间有很重要的作用,人们可以从中发现自己的不足,并以此作为一种前进的动力来鞭策自己。然而,这一效果是在良性竞争中才会产生的,恶意的斗争只会两败俱伤。

从前有两个人,喜爱打猎,这天,他们和往常一样来到森林中,却看见两只老虎在吃人肉,其中一个人很是气愤,他迫不及待要去杀了这两只老虎,而另外一个人则上前制止,并说:"人肉是老虎最爱吃的,现在两只老虎都抢着吃人肉,一定会争得你死我活,力气比较小的那只肯定会被比较强的那只打死。最后,比较强的那只也一定会伤痕累累。等到那时,我们不用花什么力气就可以把两只老虎都打死,这不是做了一件事就能获得双倍好处吗?"果然,两个人很轻松地就把两只老虎抓住了。

自古以来,人们就知道鹬蚌相争渔翁得利的道理,并且,他们还善于

运用这个道理来谋取自己的利益,但为什么当人们置身于事件之中时,却还非要与对方争个你死我活呢?即使你赢了,你也可能失去更多,比如,友谊、健康、快乐等。明白了这个道理,面对利益、观点、意见的分歧,我们也就能做到淡定处之,不与人争斗了。

陈飞和邹伟都是刚毕业的大学生,他们进了同一家企业。新人新气象,在工作半年后,公司决定在新员工中提拔一批干部,以激发公司员工的活力。这些新手们都知道这是一次难得的机会,也知道人情世故的重要性。于是,在得知公司要提拔新人的消息后,所有人都“出动”了。

陈飞是一个精明的人,他花了半年的薪水买了一些烟酒,亲自送到主管家,果然,这个爱好烟酒的主管很乐意地接受了陈飞的礼物,陈飞认为自己会成为新干部的候选人,于是,他在家敬候佳音。但实际上,送礼的人远不止他一个。邹伟是个憨厚的年轻人,这件事似乎和他一点关系也没有,家人都劝他去活动一下关系,而他还是和以前一样,朝九晚五地上班,对待同事也是笑脸相迎。所以,那段时间,整个办公室的年轻人,似乎就他一个人真正在忙工作。

主管在接受了众多礼物后,无法抉择,而上级领导一直催促他要本着“公平公正”的原则为公司选拔人才,在左思右想后,这位主管做出了“英明”的决策:提拔邹伟为领导干部。很多人感到不解,他的理由是:一个不争抢名利的人,才是真正能把精力放在工作上的人,也才是能倾心倾力为公司负责的人。

案例中的主管为什么没有选择送礼的下属,反而选择毫无表示的邹伟呢?正如他所想的,一个内心淡定的人,不热衷于名利的争夺,才会全身心把精力投入到工作中,这样的人才是真正有担当的人。

其实,不仅仅是职场,在这样一个竞争激烈的社会中,对于钱财、权威,淡定一点是最明智的生存之法。少说话、多做事、充实内在,你自然能脱颖而出。

可能你会发出这样的疑问，万一对方有意与自己较量，又该如何？此时你不妨装装傻，选择沉默。这很简单的道理，如果你装聋作哑，别人是不会与你计较的，也就不会产生争斗，因为斗了也是白斗。对方如果一再挑衅，只会凸显他的无理取闹，因此面对你的沉默，这种人多半会在几句话之后就无话可说，如果你能装出一副听不懂的样子，那么更能让对方败走！

当然，这并不代表默默承受别人的侮辱，而是一种大智若愚。对所遇到的事情，多用眼睛去看，多用耳朵去听，多用脑袋去思考。这并不是让你没有自己的意见，而是要你谨慎地做出结论，用不着把所有的东西都展示在大众眼前。总之，与人交往，遵循“闭上嘴巴，默默地充实自己”的原则，才会多一份深度，少一些冲动，多一些涵养，少一些抱怨！

用达观之心去包容现实的残酷

岁月漫漫，人生却是苦短的，我们走过多少个春秋，有时候会突然发现自己的生活如此普通。所有的日出日落，寒来暑往，一切的欢笑、泪水如戏剧，一幕幕地上演着。面对人生，我们顿时觉得自己很渺小，渺小得像一束远方的微光；渺小得像漫天飞舞的蒲公英，随风飘扬；渺小得像一粒沙，被人忽视。为此，我们惆怅，我们感叹。其实我们不必悲叹，因为生活本来就是这样，现实本来就是残酷的，我们本来也就是如此渺小。但渺小不是人生之光的黯淡，不是生命之火的熄灭，不是超然物外的冷漠。

生活给予我们挫折，我们要用理解的心态面对，用达观之心去包容现实的残酷，然后勇敢地接受挫折给予我们的挑战。白云为每一个平凡变

幻多姿;彩霞为每一个平凡增添亮色;繁星为每一个平凡星光闪耀;蝴蝶为每一个平凡翩翩起舞;小鸟为每一个平凡引吭高歌。我们是平凡的,渺小的,但正是无数个平凡的日子组成了我们绚丽多彩的一生,正是平凡的日子组成了灿烂的世界,这就是生活。

现实生活中,总有人一味沉溺在已经发生的事情中,不停地抱怨,不断地自责。这样一来,将自己的心境弄得越来越糟。这种对已经发生的无可弥补的事情不断抱怨和后悔的人,注定会活在迷离混沌的状态中,看不见前面明朗的人生。他们之所以这样,是因为经历的磨炼太少。正如俗语说的那样:天不晴是因为雨没下透,下透了,也就晴了。

富兰克林·德拉诺·罗斯福总统39岁时,一场高烧使他染上了小儿麻痹症。这突如其来的灾难差点把他打垮,开始他不肯接受这一残酷而不容改变的事实,不断做着一些无谓的挣扎,结果带给他的是一个又一个无眠的夜晚。终于在经过一段时间的自我斗争后,他无奈地接受了现实,开始以顽强和乐观态度适应它。他下肢瘫痪并从此终生与支架或轮椅相伴,他把这飞来的横祸当成上帝早已预定的命运之约。生理的残疾没有使他性格乖戾和愤世,反而在此后的生命中的各个时段里,他以乐观和坚强赢得了那些政敌的肯定。

的确,尘世之间变数太多。事情一旦发生,就绝非一个人的心境所能改变。伤神无济于事,郁闷无济于事,一门心思朝着目标走,才是最好的选择。如果跌倒了就不敢爬起来,就不敢继续向前走,或者就决定放弃,那么你将永远止步不前。

放下悲伤,接受现实,才能重新起航。朋友,别以为胜利的光芒离你很遥远,当你揭开悲伤的黑幕,你会发现一轮火红的太阳正冲着你微笑。请用一秒钟忘记烦恼,用一分钟享受阳光,用一小时大声歌唱,然后,用微笑去谱写人生最美的乐章。

从处世和处事态度来说，达观与包容有一定的区别：包容是主动为之，而达观是被动为之，有随遇而安之意。同时，这两种不同的心态所产生的环境也有所不同："达观"多半产生在人生低谷时，或情感不顺，或仕途失意的。包容多是产生在人生高潮，虽然是人生得意，但却能做到"宰相肚里能撑船"。

虽然这两者产生于不同的环境，也是不同的心理状态，但却有极为明显相同的一点，即持这两种心态处事的人应对环境的态度都是积极的，低谷时不能一蹶不振，高潮时不能得意忘形。只有正确处理好和环境的关系，才能对自己、对他人、对社会产生积极的作用，才能达到和谐进步。

由此看来，很多情况下，一个人的处世态度，也可以说是人生观、价值观直接影响着他的人生经历、人生体验。即使出生背景一模一样的两个人，如果人生态度不同，人生历程也将会迥然不同。同样，固然人生命运多舛，只要有积极向上的处世态度就能享受成功的快乐，品味生活的乐趣。范仲淹也说："不以物喜，不以己悲。居庙堂之高，则忧其民，处江湖之远，则忧其君。是进亦忧，退亦忧。然则何时而乐耶？其必曰'先天下之忧而忧，后天下之乐而乐'乎。噫！微斯人，吾谁与归？"

心灵不仅体现一个人的智慧，更决定一个人的生活、命运和价值的取向。心态是我们成功的关键，生活中每一个成功者无不是心态的主人。良好的心态对于我们的成功具有决定性的作用，不管我们做什么，首先我们应该学会保持良好的心态。人的心态决定着一个人的生活是幸福还是不幸，是快乐还是忧伤，是成功还是失败。决定人心态的是人的理想、人生观、世界观。正确的人生观，就是要胸怀宽广，执着进取，挑战自我，不屈命运，坚信自己，积极思考。

争强好胜不如怡然自得

中国人常说:人比人就得死,这话没错。我们每个人都在过自己的生活,没必要拿自己与别人对比。人与人不同,其优点、能力、长处也各不相同,争强好胜有时候就是给自己刻意制造压力,这是对自身的一种摧残!然而,当今社会,我们发现每个角落似乎都充斥着竞争带来的紧张气氛,人们比吃、比穿、比排场。相比之后,优胜者就会有一种荣誉感,会得意洋洋、傲气十足;而失败者则会有一种羞耻感,自以为在众人面前抬不起头来,这样无疑就加重了自己的心理负担。

因此,如果我们希望快乐起来,不妨选择一种怡然自得的心态,不与人争强好胜,换来的就是心灵的洒脱。晋代陶渊明,虽然贫困一生,但却真正做到了与人无争怡然自得。

公元405年秋天,为了养家糊口,陶渊明不得不来到离家不远的彭泽县当县令。

这年冬天,他得知,有一位官位高于他的上司要来彭泽县视察,此人极为傲慢,还未到彭泽县地界,就派人吩咐县令来拜见他。

陶渊明虽然心里很看不惯这样的上司,但也不得不马上动身。但谁知出门前,他的师爷却拦住他说:"参见这位官员要十分注意小节,衣服要穿得整齐,态度要谦恭,不然的话,他会在上司面前说你的坏话。"此时,陶渊明再也忍不住了,他长叹一声说:"我宁肯饿死,也不能因为五斗米的官饷,向这样差劲的人折腰。"他马上写了一封辞职信,离开了只当了八十多天的县令职位,从此再也没有做过官。

这就是不为五斗米折腰的故事,这就是一种气度,一种追求真实自我的洒脱!的确,生命只有一次,而且时间是有限的,人生在世只有短短的

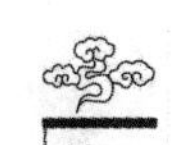

几十年而已。所以,每个人都应该珍惜自己的生命,在有限的时间里不要让自己陷入争斗的漩涡,要让自己过得快乐一点。人活一世为了什么?就是为了快乐,快乐是人生最大的财富。再奢侈的物质,都不能弥补精神世界的空虚所带来的遗憾。

然而,现代社会中,人们每天都要承受来自各方面所施予的压力,这种压力一旦集聚起来,就超过了人们的承受范围,最终把我们压垮,而要避免这一情况,我们就决不能自不量力,争强好胜!如果我们注重内心世界的感受,或许我们能淡化争强好胜的心。

美国街头有一名男子,弹着吉它,为过路的人弹唱。有一个中国姑娘路过,很吃惊,问这男子:"你这么年轻为什么在街头卖唱?"这男子很吃惊。说道:"我觉得这样很好呀!这样能给大家带来幸福!我每天过得很充实,不觉得低贱。难道金钱就可以决定幸福与否吗?"

从这件事可以看出,价值不是用金钱与物质衡量的,幸福不是金钱带来的。只有放下对物质的追求,注重精神世界的充盈,人们才能真正活出自我,才会得到真正的幸福!然而,好虚荣、要面子的心理焦虑具有一定的普遍性,要调整这种心理状态,应该客观地认识自己、认识面子问题,不要对自己提出超出实际的期望。

争强好胜,表面上看起来是益与福,其实却是损与祸;谦虚忍让,表面上看起来是损与祸,其实却是益与福。在处理人际关系时应遵循的基本原则是:谦虚忍让,柔以待人。

当然,现代社会中的人们,不可能和陶渊明一样,完全做到"隐于市",但至少我们可以用正确的心态对待竞争。良性的竞争有助于自我鞭策与激励,进而充实内在;而恶性的竞争却会使人们陷入不达目的誓不罢休的漩涡。诚然,我们少不了有竞争对手,但我们绝不可对其恶语相加,甚至打击对手。实际上,人们在被对手贬低的时候,都会有一种反击

的心理。你的打击可能是让对方努力的动力。

诚然,每个人都应该具备超越自己、超越别人的勇气与心志,但积极归积极、进步归进步,每个人都应拿捏好分寸。只有切合实际的超越、对比,才会使自己不断进步,才能使自己受益多多,才会让生活充满活力!

第11章

淡定是心无旁骛的专注——心凝形释自然超脱

○○○ ○○○

生活由于有了太多的计较和在乎，所以我们常常感觉到很痛苦，失去了快乐，感受不到幸福。事实上，你真正去探究那些你所计较和在乎的东西，便会发现它们只不过是过眼云烟，根本没有你想象的那么重要。因而，如果我们能淡然一些面对生活，那么，你会惊奇地发现，原来自己也可以这么快乐，日子可以这么幸福地过。

消除浮躁,全神贯注陶冶性情

生活中,总是有太多的诱惑,让我们身陷“囹圄”,焦躁不安。这时候,人往往需要迅速让自己的内心平静下来。否则,你总是生活在亢奋当中,濒临崩溃的边缘。当然,打开心结是关键。可是,既然你如此纠结,那么心结也不是一时半会能够释然。这时,不妨听点音乐,看个漫画,抑或是喝杯清茶,读一本好书,以此来陶冶性情。在不知不觉中,你的心就会慢慢地平静下来了。

在一次朋友的聚会中,欣然被一个漂亮的女孩深深地吸引住了,一打听得知,女孩是某医院的护士,刚好也没有男朋友。欣然喜出望外,展开了对女孩的疯狂追求。

他从朋友那里要来了女孩的电话,经常给女孩打电话,两人在电话里聊得很好。后来,欣然大胆地约女孩吃饭,女孩也没有拒绝。当欣然表白之后,女孩却说两人只适合做朋友。这让欣然多少有点失望。

但是欣然并没有放弃,而是更加执着,经常到女孩工作的医院去找她,还时不时给她送花,买衣服等。可是不管他怎么努力,女孩始终不同意做她的女朋友。欣然觉得,或许是女孩在考验他。

这天,他去女孩工作的医院门口等她下班。不一会儿,女孩出来了,可是身边却多了一个男人,从女孩的表情中,欣然感觉到她特别喜欢那个男人。这一幕让欣然无法接受。他觉得天一下子塌了下来。

他跌跌撞撞地回到了家,一下子倒在了床上。可是几分钟之后,他从床上蹦起来,跑到附近的超市买了很多酒,回家便灌了起来,一边喝,一边嚎啕大哭。正在这个时候,他的一个朋友打电话进来了,从电话里听到欣然的哭声,迅速赶了过来。

朋友不停地安慰欣然，可是没有起到一点作用，反而让欣然更加痛苦。无奈之下，朋友打开了音响，一首舒缓的轻音乐缓缓地响了起来。慢慢的，欣然安静了下来。这时候，朋友冲了一杯浓浓的咖啡，放在了欣然的面前。欣然长长地出了一口气，端起了咖啡。

从那以后，每当欣然想起这件事情，感觉到痛苦万分的时候，他就打开音响，听听音乐，让自己的心迅速地平静下来。

故事中的欣然得知自己喜欢的女孩喜欢上了别人，而感觉到痛苦万分，内心狂躁不安，在这个时候，他听到了舒缓的音乐，迅速地平静了下来，然后喝了咖啡，重新燃起了对生活的希望。在此后的日子里，每当心情浮躁的时候，他都会以这样的方式来陶冶自己，把一切看得淡然一些。那么，究竟如何才能做到全神贯注陶冶性情，消除浮躁呢？

1. 让音乐完全占据你的思维空间

人在狂躁不安的时候，往往心会跳动很快，脑子里胡思乱想。这时候要想让自己迅速平静下来，不妨打开音响，让音乐完全占据你的思维空间。这样你就不会胡思乱想。而且舒缓的音乐能迅速调整你的心跳，慢慢地你就会完全陶醉在音乐里，也就不会再感觉到烦躁不安了。

2. 像孩子一样看点漫画和动画片

孩子天真无邪，没有太多的欲念，也不会感觉到痛苦。因而，在你感觉到痛苦万分的时候，赶紧打开电视，看一部动画片，或者是看一本漫画，让孩子的童真影响你的心。慢慢地你在渴望能有孩子们一样的简单和快乐当中，消除欲念，获得快乐，你的心因此而得到了安宁。

3. 精心泡一杯清茶或者煮杯咖啡

不可否认，清茶和咖啡有让人神清气爽的功效。如果你被尘世的琐事弄的心烦意乱，不妨泡一杯清茶，或者是煮一杯浓浓的咖啡。当你喝完清茶和咖啡之后，你的痛苦会减少一半，而且清茶和咖啡能让你内心平静

不少。

4. 看一本剖析人生得失的好书

人之所以痛苦，是因为看不透人生，放不下得失。当你用另外一个视觉去理解和认识之后，你会觉得一切不过是过眼云烟。因而，在你痛苦烦躁的时候，不妨寻找一本剖析人生的好书来读。好的文字能拨云见日，让你的心超脱世俗，从烦躁和痛苦中跳出来，享受人生的那份真挚。

不受杂念所扰，用平常心做事

生活中，人们往往会受到各种各样的影响，从而导致心情浮躁。当心情浮躁的时候，如果不及时调整，那么很有可能因为冲动而做出一些极端的举动，从而破坏了自己平静的生活。事实上，如果我们能够及时冷静下来，理性思考，以一颗平常心对待生活，那么生活也许会为我们打开另一扇大门。

小王是一位高三学生，平时学习很努力，但是成绩总不见有提升，班主任也曾找过他谈话，对他说："我不指望你能上重点大学，但是你至少得考上一个本科。"

小王自己也很着急，一直学习到高考的前一天晚上，想着班主任的话，心中不免有些酸苦，心想：我高中三年也没有比别人少学半分钟，但是我的成绩却总提不上去，班主任的话明显有几分看不起我，我一定要在明天的考试中考出一个好成绩来给班主任瞧瞧。小王越想越难以入眠，心情十分浮躁。

于是，小王独自一人悄悄地走出宿舍楼，到静静的操场上散步，操场上空气很新鲜，漆黑一片，只有蟋蟀的叫声。

小王的心逐渐平静下来了，然后就回到寝室去睡觉。

第二天的考试，小王感觉很不错，基本上一气呵成。

考试后的第二天，班主任让大家填自愿，小王想报考重点大学，但是班主任担心他考不上而影响了班里的升学率，于是让小王填写了一个三本大学。

一个月以后，高考成绩公布了，小王考了六百多分，在班里是第四名，按照他的成绩，考一个名牌大学是没有问题的。此时，小王心里非常不平衡，为此，他很浮躁。

在查到成绩后的假期里，小王一直幻想着自己考上名校时候的情景：父母的微笑，老师的赞扬，同学们的羡慕……

于是，小王和父母商量后做出了一个惊人的决定：准备补习一年考清华或者北大。

又是一年刻苦学习，小王终于熬到了高考。

在填自愿的时候，小王很自信地填报了清华大学，很多人都投来了羡慕的眼光。

一个月后，高考成绩公布了，小王的成绩只有五百九十多，比上一年要低。这时他才从梦中惊醒。此时家中已经没人支持他补习了。

小王的高考之路就此结束了。

在这个案例中，由于高考成绩与目标学校之间的落差造成小王心情的浮躁，但他没有及时冷静下来，理性思考自己的优缺点，导致做出了不理智的决定，最后导致高考之路的终结。所以，给浮躁的心情找个安静的角落是相当重要的。如何才能给浮躁的心情找一个安静的角落？

1. 心境要淡然

很多时候，我们浮躁，是由于放不下自身的名利，得到的时候，总想得寸进尺，失去的时候，总幻想假如没有失去该多好，浮躁往往在患得患失的心境中产生。要想克服这种患得患失的浮躁心境，不妨淡然一些，也许

心境自然就平静了。

2. 踏实走好每一步

人之所以浮躁，是因为理想和现实之间有太大的差异，理想很美好，现实很残酷。这个时候如果能够冷静下来，走好你当前的每一步，你就会发现，自己也并非想象中的那么伟大，当前的每一步也并非你自己想象中的那么艰难。

3. 清晰认识自我

浮躁之人，往往缺乏清晰的自我认识，看不到自身的缺点，总觉得自己什么都能干，结果往往会失败而归，因此，浮躁的时候，一定要清晰地认识自我。具体来说，首先要多反思自己曾经失败的原因，其次要多听取周围人的建议。

4. 要懂得向生活妥协

每个人都希望自己成为生活的强者，但是很多时候往往事与愿违，这个时候我们不妨向生活妥协，承认自己不是那么伟大，也许心中放不下的名利此时也就不那么重要了，这样也许能够得到一个平静的心情。

专注的人一步一个台阶

生活中，我们太渴望能拥有更多。因此看到别人的成功，总是想让自己也能获得和别人一样的高度，做不到便觉得痛苦无助。事实上，冰冻三尺非一日之寒，我们在看到别人的成就的同时，却没有看到别人付出的努力和经历的艰辛。因而，要想站得高，就要一步一个台阶，慢慢地往上爬。

肖辉和党宇是非常要好的朋友，这天，他去党宇家玩的时候，恰巧看到了党宇的爷爷在写毛笔字，于是凑上去观看。老人家的毛笔字如行云流水一般，变化莫测。而肖辉也很喜欢书法，可是一直以来总是写不好。

看到老人家的毛笔字写得这么好，再看看自己，肖辉觉得脸上火辣辣的。于是他暗暗下决心，一定要练成老人家一样的功力。从那之后，他每天都趴在桌子上练习书法，过了半个月，他觉得自己的水平还是没有半点提高，因而非常痛苦，为什么老人家都能做到的事情，自己一个二十多岁的小伙子却做不到呢？

在接着练习了半个月之后，肖辉不再练习了，他觉得自己根本不是那块料。为此，他每天唉声天气，闷闷不乐。党宇知道后，前来看望他。当他得知肖辉的痛苦之后，答应求爷爷帮助肖辉。

这天，党宇带着肖辉来找爷爷。老人家笑呵呵地说："年轻人，你有要练好书法的想法是好的，可是你现在不论如何努力，都不可能达到我这样的境界。"肖辉不解地问："为什么呢？难道您的功力是天生的？"老人家笑着说："我今年八十有三了，我从你那个年纪练起，整整练了六十多年，才有今天的成就，而你练习书法又练了几天呢？你凭什么觉得你应该有我这样的境界呢？"听了老人的话后，肖辉茅塞顿开。

故事中的肖辉在发现党宇的爷爷书法写得行云流水后，和自己进行了比较，看到了差距，所以非常痛苦。后来，在老人家的开导之下，他明白了其中的缘由。由此可见，做任何事情都需要一个过程，不可能一步到位。只有一步一个台阶，不断的积累，才能爬得高看得远。那么，究竟如何才能做到一步一个台阶呢？

1. 要有清晰到位的认识

要想让你做事更加踏实，那么一定要有个清晰到位的认识，这是做好事情的前提。要知道究竟你在做什么事情，需要付出什么样的努力，这样做起事情来你才能有个心理准备。比如：小强想要练习打拳，想要赢得比赛的冠军，他明白需要付出巨大的牺牲，所以，他每天不和朋友们一起玩，而是一心一意地钻进拳击馆里勤学苦练，最终打败了对手赢得了冠军。

2. 做事的态度一定要端正

想不想做好事情是态度的问题,而能不能做好是能力的问题。如果能力不行,可以苦练,但是态度不端正,是无论如何也做不好事情的。因此,在做事情之前一定要端正你的态度。事实上,也只有端正了态度,你才能严肃认真地对待,才能真正意义上一步一个台阶。

3. 要有持之以恒的决心

任何事情都不是一朝一夕能做成的。你看到别人取得的辉煌,那是别人付出了艰辛的努力之后才得到的。因而,如果你也想和别人一样辉煌,那么你就要有持之以恒的决心,付出艰辛的努力。如果一遇到困难就想放弃,那么你是无论如何也不可能达到别人一样的高度的。

4. 要耐得住寂寞和无聊

要想取得辉煌,就要耐得住寂寞和无聊,因为别人在玩乐的时候,你在勤学苦练,这是个枯燥的过程,需要你独自面对和承受。如果你耐不住寂寞,那么你的心不能完全用到你的练习上,那样无论如何也不会得到你想要的结果。

一心一意,直至成功

在生活中,我们总是过高地估计自己的能力,觉得自己这个也能行,那个也能干,可是最终一事无成。事实上,人的精力是有限的,如果不能一心一意,往往两件事情哪个也做不好。与其这样,不如专心致志做好一件事情。而只有这样,才能把事情做到最好,才能收获你所渴望的成功。

晴晴和文文是非常要好的姐妹,她们都特别喜欢小提琴演奏。事实上,她们结识也是在小提琴演奏班里。相比之下,晴晴的天赋更高一些。

可是在一次小提琴演奏比赛中，文文却拿了奖，而晴晴早早就被淘汰了。原因很简单，晴晴在学习小提奏的过程中不能专心。

原来，晴晴今年已经满16岁了，出落得非常漂亮。所以身边总有一些小男生在追求她。尽管晴晴不予理睬，可是为了不伤害男生，所以有时候也会和他们出去吃饭，晚上也在煲电话粥。更要命的是在接触的过程中，晴晴喜欢上其中一个帅气阳光的男生。

那一段时间，晴晴练琴的时候总是走神，业余时间也很少碰琴，她的大部分时间都被恋爱占据了，非但没有进步，而且还退步了不少。为此，晴晴没有少挨老师的批评。而这个时候的文文，却每天专心致志地练习演奏，演奏技巧百尺竿头更进一步。

终于一年一度的小提琴演奏比赛开始了。晴晴和文文都报名参加了。晴晴觉得这个奖一定属于她。可是刚上台不久，她就觉得越来越吃力，很多以前练习得非常熟练的动作和技巧，一下子生疏了起来，演奏出来的音乐也非常难听。而文文的演奏却非常流畅，很明显，这个阶段她取得了巨大的进步。

演奏失败后，晴晴非常后悔。因为这个奖对于她们这个年龄的孩子来说非常重要，甚至直接决定着以后的演奏生涯。她认真做了检讨，重新一心一意投入到练习中去了。

故事中的晴晴，由于谈恋爱分心，致使她荒废了小提请演奏的练习，结果造成了她与奖无缘的结果。而相反，资质稍差的文文却一心一意地刻苦练习，取得了巨大的成功。可见，做任何事情都不能三心二意，否则你什么事情都做不好。那么，究竟如何才能做到一心一意呢?

1.看清楚目标

很多人在做事情之前很清楚自己的目标，可是在这个过程中，随着社会诱惑的增多，慢慢地让自己的目标模糊了。要想成功，就要时时刻刻看

清楚自己的目标，不要被社会的诱惑所俘虏。当然，这并不是一件容易的事情，因为并不是每个人都有毅力能经得住诱惑。

2. 要有坚定的信念

世上没有随随便便的成功。任何事情都不可能一帆风顺，因而，在做事情的时候，如果遇到困难和挫折，千万不要气馁，也不要动摇和放弃，一定要有坚定的信念，这些困难和挫折是必不可少的，而且也是能够克服的。只要你有了想要成功的坚定信念，相信你不会被困难和挫折所打败。

3. 不要和别人比较

每个人的社会关系不一样，能力不一样，因此，在走向成功的路上所付出的努力也是不一样的。因此，不要随便和你周围的人做比较。如果与比你强的人比较，会让你产生自卑的情绪；和比你弱的人比较，会让你产生骄傲自满的情绪，这样对你的进步没有任何的帮助，还会影响你前进的步伐。

4. 要做到心无杂念

思维决定着行动，当你的心里胡思乱想的时候，你的行为也会受到一定的影响。这无益于你最终走向辉煌，反而成为你前进路上的绊脚石。因而，要想做到一心一意，就要做到心无杂念。事实上，也只有这样，你做事情的动力才会最大，态度才会最好，才能真正大踏步前进。

坚定你的信念，藐视那些小困难

在我们的生活中，多多少少都会遇到困难，很多人在面对困难的时候，被困难吓倒。其实，不管是在生活的困境中还是在工作的挫折中，最大的困难并不是那些摆在面前的难题，而是我们自己的心。

现在的社会，竞争压力越来越大，人们的生活压力也随之增大，很多

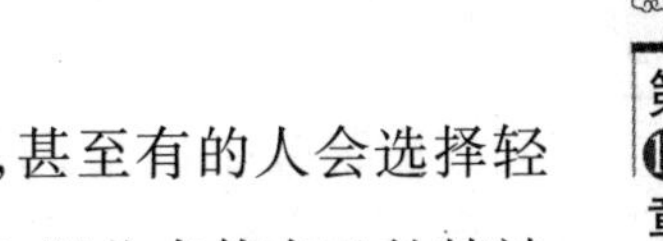

人一旦遇到自己解决不了的难题，就会自怨自艾，甚至有的人会选择轻生。面对这种情况，我们更要及时地进行自我调节，以此来使自己的精神状态保持在最好的层次上。越是在困难面前，我们越要学会调整自己的心态。

在面对困难的时候，要时常告诉自己，不就是个芝麻大小的事情嘛，有什么过不去的呢？当你有了这种积极的心态的时候，再大的困难在你面前也会变得渺小。

琼斯是一位新闻专业的学生，在学校里对自己的专业兴趣并不大，所以大学所修的课程也都是马马虎虎及格而已。大学毕业后，琼斯不想从事新闻工作，所以就打算找别的工作。自从毕业后，他也参加了很多面试和招聘，但都被人家以专业不符为由拒绝了。

无奈之下，他只好参加了当地报社的招聘，最后他考入当地的《明星报》担任记者。虽然自己不喜欢这份职业，但是为了生存，琼斯还是接受了。因为他明白，如果他放弃了这份工作，那他就会失去生存最基本的保障，毕竟现在就业压力很大，有很多人对他这份工作求之不得呢！

第一天上班，上司就交给了琼斯一个任务：采访大法官布兰代斯。当琼斯听到这个人名时，并不是欣喜若狂，反而是愁眉苦脸。因为这位布兰代斯是一位很有名气的人物，而且琼斯任职的报纸并不是当地的一流大报，更要命的是琼斯也只是一名刚刚出道、名不见经传的小记者，以这样的身份去采访这位大法官，他又怎么可能接受呢。

周围的同事们看到琼斯刚来上班，领导就交了这么重要的一项任务给他，觉得上司是很器重他的，对此，同事们也都很羡慕琼斯，可是琼斯不是这么想，他觉得是上司在故意刁难他。

看着同事们对自己的奉承，琼斯心里更是害怕完不成这份任务。他越想越害怕，甚至最后觉得自己根本就不是当记者的料。这时候，琼斯的

同事史蒂芬在获悉了琼斯的苦恼后说:“我很理解你。让我打个比方,你好比躲在阴暗的房子里,想象外面阳光多么炎热。其实外面究竟如何,最简单有效的办法就是向外跨出一步。”

听完史蒂芬的话,琼斯明白了:你把困难想象得有多大,那困难就会变成多大。琼斯决定先跟布兰代斯的秘书联系一下,于是,就拨通了对方的电话,并直接向对方说出了自己的要求,最终他很成功地约到了布兰代斯接受采访。

自从这件事情后,琼斯在以后的工作中不管遇到多大的困难,都会时常暗示自己:“别让困难在你心中变大。”在这种心理暗示下,琼斯总是能够在面对困难时,很好得地调整自己,也总是能够以最积极的心态面对工作和生活。多年以后,昔日羞怯的琼斯成为了《明星报》台柱记者。

生活在现实中的人们,不可以让想象中的困难吓倒自己。就想上面我们说到的琼斯一样,他刚开始在面对上司交给自己的艰难任务时,总是胡思乱想,甚至开始怀疑自己。可在后来,经过同事的开导,他明白了:在困难面前,你越是害怕,那困难就会越大。

在明白了这个道理之后,他开始自己进行调节,而且会时常暗示自己:“别让困难在自己心中变大。”以这种心理暗示的方法来调整自己,进而使自己的精神面貌调整到最好,使自己更有信心去战胜困难。

现在的我们,不管是在生活还是在工作中,做事情或是处理问题,都总是瞻前顾后,越是害怕就越是不敢去做。其实在面对困难时,我们要学会单刀直入的办法,有很多事情,开始很不容易解决,但是只要你戳中要害,那就可以轻松顺利地解决。

一般来说,第一次克服了畏怯心理,下一次就容易多了。所以我们在面对困难时,要学会对自己进行心理调节,不要将困难在想象中放大一百倍,而是要时常暗示自己:“别让困难在自己心中变大。”以这种心理暗示

的方法来调节自己的心态,使自己能够更好地面对眼前的困难。

关注细节,细腻但不矫情

很多人说自己对待生活很淡然,可是在别人看来,他们却一点也没表现出淡然,反而过多在乎世间的名利,在是是非非中间纠结不已。还有一些人为了向别人表现自己多么淡定,多么懂生活,故意制造轰动效应,然后矫情作秀。事实上,这两种人都不是真正然对待生活的人。那么,究竟要怎样做才算淡然对待生活呢?那就是多关注细节,细腻但是不能矫情。

有两兄弟先后下海做生意,不长时间,哥哥赚了很多钱,买了豪车别墅。在别人看来他的生活可谓是名利双收,再幸福不过了。可是,哥哥却一点也感觉不到快乐开心,反而整天忧心忡忡。

弟弟尽管很努力地工作,可是整整三年,不但没有赚到钱,反而欠下了一屁股的债,不得不四处躲避,过着流浪的生活。他的苦痛或许只有自己知道。他除了每天哀叹命运的不公平之外,似乎没别的事可做。

这天,哥哥慕名前来,向一位智者求教如何让自己快乐起来。在智者的住处,他意外地碰到了弟弟。和他的想法一样,弟弟也是来向智者寻觅快乐的方法的。两人见面,都愣住了,他们觉得对方应该是快乐的。

智者对哥哥说:“你的痛苦来源于拥有,你总是担心别人会夺取你的名利,总是在和别人尔虞我诈,因而小心提防着身边的每一个人,这样你在拒绝别人的时候,也同时拒绝了快乐。如果你想要获得快乐,那么不妨放弃名利,做一个简单的人。”

哥哥听了,慢慢离开了智者的家。他觉得智者是浪得虚名,根本不能解决他的问题。

智者对弟弟说:“你之所以不快乐,是因为你对生活产生了绝望,你

不再相信自己，破罐子破摔，生活里没有了希望，自然活着很痛苦。如果你想要快乐，那么要做的就是要重新找回自己。”

听了智者的话，弟弟也是将信将疑。

三个月后，哥哥再次找到了智者，告诉他自己不但没有获得快乐，反而越加痛苦。智者问道：“你真的放弃名利了吗？”哥哥不解地问：“这些东西是我经过努力才得来了，放弃了我活着还有什么意思呢？”智者笑着说：“那你现在觉得活得有意思吗？”哥哥这才明白了智者的意思。回去后，把自己的大量财富捐给了社会，找了一个僻静的地方安静地生活去了。

同样，弟弟也在三个月之后又找到了智者，他说：“我依然很痛苦。”智者破口大骂，语言非常难听，弟弟的自尊心受到了伤害，他愤怒地责骂了智者，头也不回地走了。可是奇怪的是，回去之后，他找回了往日的自信。

故事里的两兄弟都不快乐，尽管他们不快乐的原因截然相反。在智者点拨之后，两人并没有从细节之处着手，而是空喊着口号，他们自然不能得到解脱。最后，在智者的帮助下，两兄弟一个放弃了社会的名利，过上了隐居的生活，另外一个则通过和智者吵架，找回了自信，也获得了快乐。可见，要想获得快乐，光有想法是不行的，关键还是要从细节上改变。那么，究竟如何才能做到这一点呢？

1. 从身边的小事做起

细节往往蕴藏在身边的小事中。可是，很多时候我们总是希望能在值得一提的事情上证明给别人看，却忽略了身边的无关痛痒的小事情。事实上，越落实到不起眼的小事情上，越能说明你贯彻得透彻。小事情上都能体现，那么大事情上自然没得说。因此，要想让自己真正做到淡然，不妨从身边的小事情做起。如果你能做到，说明你真的“无所谓”了。

2. 把好想法落实下去

很多人想法很不错，可是却总是在喊口号，并没有真正地落实下去，那么他的诉求自然没有办法达到了。比如故事中的哥哥，尽管很想超凡脱俗，可是却始终放不下名利，所以后来还是觉得痛苦万分。最后他把自己想要出世的想法落实了下去，因此而得到了解脱，得到了真正的快乐和幸福。

3. 不要随便向人告白

我们强调淡定，就是说要有一颗平常心去对待生活的欢喜和痛苦。那么，既然你想要表现得淡然一些，就不要随便向别人说你很淡然。如果你真的淡然，别人自然会看得出来。对待生活淡然一些，获得解脱的是你，也没有必要让别人知道。事实上，这个过程本身就很淡然。如果你到处对人告白，那么你的淡然也是假的。

凝聚心神，放大客观因素

我们常常说：天才是百分之一的天赋加百分之九十九的努力，这告诉我们成功是必须要付出艰辛的努力的。也就是说客观的因素不是关键，关键在于后天是否努力。这样的结果往往会让我们错误地认为，只要通过努力，就能得到自己想要的东西。因此，很多人非常努力，也非常辛苦，压力倍增，在艰辛努力的过程中失去了自我，成了生活的奴隶。因而，要想有一份淡然的心态来面对生活，不妨凝聚心神，放大客观条件。

最近，学习成绩平平的表妹突然做出了一个重大的决定：一定要考上北大，否则就不上大学。别人也没有当一回事，可是表妹却跟自己耗上了。

每天早上，天不亮她就爬了起来，拼命学习，连早饭都顾不得吃，即使在上学的路上，也在看书学习。在学校里就更不用说了，当别的同学在尽情享受业余时间时，表妹还在刻苦攻读，晚上一直学习到凌晨两点才睡。

她非常辛苦,也许期望太高的缘故,她的压力也非常的大,常常为一个不会做的数学题而嚎啕大哭,这在以前她完全不当回事的。两个月下来,她的学习不但没有进步,而且由于过度疲劳,她住进了医院。

姑妈得知表妹的心结,这天对她说:"孩子,你知道北大多么有名吗?那是全国数一数二的学校啊,即使在我们县城,十多年了也没有一个学生能考进去的。你为啥要自己折磨自己呢?"

表妹不服气地说:"照你这么说,北大都没人上了,那不是每年也有那么多的人考进去吗?"姑妈说:"你说的没错,但是咱们也要看看自己的实力啊,远的不说,就说你们学校,比你学习好的人多的是吧,但是又有几个像你这样的啊?"

表妹若有所思,不再说话了。姑妈趁机说:"你只要做原原本本的你,就完全可以了,没有必要把自己逼得跟疯子一样,家人看着心疼啊。"

表妹看着姑妈的眼,微笑着点了点头,这是她几个月以来第一次微笑,在那一刻,她觉得自己开心极了。

故事里的表妹有很大的抱负,想要考上北京大学。为此,她背负上了巨大的压力,失去了往日的快乐和幸福。后来,在姑妈的劝导之下,表妹认识到愿望和现实之间的巨大差异,而卸下了这个包袱,感觉到了生活的快乐。可见,放大客观因素,让我们清楚认识自己,从而和不切合实际的愿望决裂,以淡然的心态来面对生活,这样,我们会快乐很多。那么,究竟如何才能做到这一点呢?

1. 不妨多"贬低"你的能力

通常,很多人之所以想要通过努力去实现自己的愿望,是因为他们对自己有较高的自信,甚至是自负。他们觉得自己了不起,所以对自己提出较高的愿望。事实上,他们能力平平,这些较高的愿望对他们来说就是痛苦。这时候,不妨多贬低对方,让他从自我崇拜中苏醒过来,看清楚真实

的自己，这样他们便能淡然很多，而不去追求不切合实际的东西。

2. 用比较放大客观因素

很多时候，我们对自己将要实现的愿望并不了解，只是觉得是最好的便要去追寻。这时候你跟他说他不对是多么的不切合时机，未必会对他起到相应的作用。如果你能用对方周围的人去做比较，则能让他更清晰地认识到自己和期望之间的差距。这样，对方就不会盲目地去追求不适合自己的东西，而陷入深深的痛苦之中了。

3. 分析清楚客观情况的艰难

客观的情况究竟有多难？事实上，很多人在盲目追求的时候并不了解。如果你能清晰地帮助对方分析和认识，这在一定程度上也是对客观条件的放大。你的强调和否定在对方的心里上造成认知的错觉，这能让他们放弃那些不切合实际的欲望，能把他们从心魔中拯救出来，让他们淡然地面对生活，轻松快乐地过好每一天。

第12章

淡定是随遇而安的境界——淡泊名利修身养德

○○○ ○○○

人生在世，追名逐利似乎看起来也没有什么不对。但是我们慢慢地发现，生活中少了快乐，少了笑容，日子越过越没有激情，越活越累。这是因为追名逐利的过程中，我们无休止的欲望控制了我们的心，让我们生活在焦虑和痛苦之中。如果你想要获得解脱，那么就要淡泊名利修身养德。你会慢慢寻找到生活中的乐趣。

欲望的沟壑永远填不满

俗话说："人心不足蛇吞象。"生活中，很多人都觉得如果自己能够怎么样，就什么都不奢求了。可是，当他们的愿望得到满足之后，又会产生更大的欲望。于是千方百计想要得到满足。如果满足不了，就会痛苦难耐。时间久了，他们便感觉不到生活的快乐。事实上，人的欲望是永远没有止境的，要学会知足常乐，以淡然的心态对待生活中的幸福和不如意。只有这样，你才能感受到生活的乐趣。

大学毕业之后，小青拿着简历四处寻找工作。可是整整忙碌了三个月，依然没有找到一份合适的工作。那时候，小青常常对自己说："我再也不奢求什么高职高薪水，只要能找一份文员的工作，每个月能养活自己就心满意足了。"

说来也巧了，不久，就有一家企业通知小青去面试。最终，她得到了这份做文员的工作，尽管每个月的薪水不高，但是足以养活自己了。为此，小青非常高兴。尽管自己身上没太多钱，还是花了几百块和朋友们一起好好庆祝了一番。

工作了刚刚两个月，小青越来越不喜欢这份工作了。这份工作不但工资待遇低，而且要求还特别得多。她觉得自己更应该找一份薪水高，而且更加体面的工作。于是她毅然决然地递交了辞职信，开始了新的寻找。

也许是天公作美，在她刚刚辞职后一个星期，就找到了一份做行政文秘的工作，工资不但比之前高了很多，而且还受人尊敬，她觉得这才是她的位置。在总经理跟前工作了刚刚一个月，她又有了新的想法，她觉得与其这样伺候别人，不如自己跳出来单干。

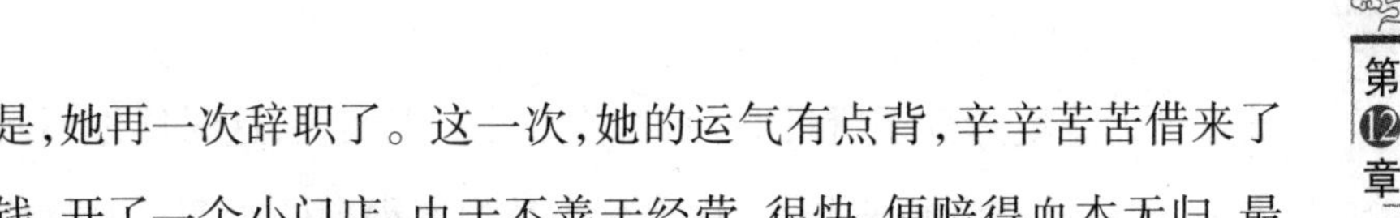

于是，她再一次辞职了。这一次，她的运气有点背，辛辛苦苦借来了五万块钱，开了一个小门店，由于不善于经营，很快，便赔得血本无归，最终连房租都交不起。当再一次在街上流浪的时候，她痛苦万分，觉得生活失去了意义。

故事中的小青原本只是想找一份能解决温饱的工作，可是当她的这个愿望得到了满足之后，她又渴望薪水能多一点，能更体面。当她的愿望再次实现的时候，她又渴望能够当大老板。无休止的欲望最终让她迷失了自我。如果当初她能够淡定一些，认认真真做好本职工作，或许她不会再次沦落街头。可见，欲望往往是痛苦的根源。那么，在人生的选择当中，究竟如何才能克制自己的欲望呢？

1. 清晰地认识自己

很多人对自己的认识不清晰，在面临逆境的时候，感到自卑，因而无欲无求，可是一旦时来运转，便看不上眼前的好，而是在欲念的驱使下不断对自己提出更高的要求。可是，生活不可能总是让你心想事成。过高的欲望满足不了，往往让你痛不欲生。因此对自己很失望，很不快乐。不管做什么事情，都要对自己有个清晰的认识，不要被欲望所驱使，这样你就不会因为欲望得不到满足而苦恼了。

2. 学会珍惜现在

有些人总是在感怀过去，生活在回忆当中，而有的人又在渴望未来，生活在想象当中。在这个过程，唯独不珍惜的就是现在。我们总是相信自己一定能成就一番大事业，总是不满足自己的现状。事实上，只有懂得珍惜现在的人才是会生活的人，他们随遇而安，不会被欲望驱使，因而快乐幸福。

3. 清楚自己要什么

很多痛苦的人往往都不知道自己究竟要什么，一味地盲目追求，最终

被自己无止境的欲望所折磨，而痛苦万分。事实上，这时候你不妨静下心来，问问自己究竟想要什么，你穷奢极欲想要得到的东西真的是你想要的吗？这些东西对你来说真的就那么重要吗？当你问清楚自己之后，或许就不会那么痛苦了。

4. 懂得知足常乐

任何人都有欲望，只不过有的人懂得知足，因而非常快乐，而有的人却不知足，不断让自己的欲望膨胀，结果到最后即使功成名就也不会感觉到快乐。生活的本质是快乐，这样你才会感觉到幸福。如果你总是被欲望所累，总是太在乎得失，那么你永远不会感觉到快乐，相反，时间久了，生活也会觉得没有意义。

5. 名利丰厚却没有幸福感

很多人在平日里都非常忙碌，忙着工作，忙着赚钱，很少有时间来思考，结果往往在他们名利双收之后才发现，自己并不需要这些，所以并不幸福。而在这个过程中却错过了真正需要的。这常常是最痛苦的时候。因为很多时候，有些东西失去了便不可能重来。因此，对于一个聪明的人来说，不要忙着去追求，而应该给自己留出一定的时间来思考。

大学毕业之后，邓娜并没有听父母的劝告回家去寻找一份稳定的工作。她觉得稳定就意味着平淡，自己还年轻，与其在一个平淡的岗位上等死，还不如努力去奋斗，去拼搏，去创造自己的天空。

于是，她留在了北京。可是整整 10 年过去了，她的职位是提升了，做了销售主管，工资待遇也提高了，每个月也有五六千。可是她的内心却非常空虚。这年回家，她突然发现爸爸妈妈脸上的皱纹多了很多，头发也白了很多。突然间，她感觉到心里特别难过，扑在妈妈的怀里哭了起来。

在家里的这段日子，邓娜每天晚上都睡不着觉。她翻来覆去地想了

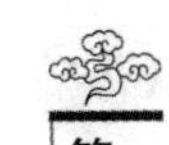

很多:自己究竟在追求什么呢？对于自己来说,这辈子活着究竟是为了什么呢？自己是不是真的错了呢？自己对父母是不是亏欠的太多了？她越想越难过,好几次偷偷地哭了。

过完年之后,邓娜回到北京,辞去了在别人看来得来不易的工作,毅然决然地回到了家里。她终于明白了,其实人这一辈子活着的时间也就那么多,父母的年龄一天天的大了,那就意味着自己和他们呆在一起的时间越来越少了。作为女儿,她应该抓紧时间为父母做点事情。

回到家里之后,邓娜并没有追求所谓的高薪工作。而是在一个企业里找了一份工作。尽管很辛苦,但是却能跟爸爸妈妈生活在一起,每天看着他们的身影,听听他们的叨唠,还能亲自下厨为他们做上可口的饭菜,一家人团聚在一起,其乐融融。她觉得这才是她想要的。

没过多久,她找到了自己幸福的归宿。结婚的那天,她依偎在妈妈的怀里痛痛快快地大哭了一场。她要和爸爸妈妈分开了,心里是那么不舍。尽管她嫁出去之后,离家并不远,但是却觉得是永别一样。

结婚后,邓娜依然经常回来和爸爸妈妈在一起生活,照顾他们的饮食起居,陪他们聊天。邓娜有了自己的归宿,也让爸爸妈妈了放心了很多。因此,老人的精神也好了。

故事里的邓娜在大学毕业之后,一直为了追求自己的梦想,而忽略了对父母的关怀。等她猛然间发现父母已经年老了的时候,感觉到心里很难过,随后,她给自己留了充足的时间去思考自己何去何从。最终她做出了决定,回到了家里,和父母生活在一起。可见,人有的时候,需要时间去思考,需要时间去审视自己。这样,才能让他们做出更为正确的决定,走更适合他们的路。人如何才能做到这一点呢？

1. 忙碌之余抽时间来面对自己

对于很多要强的人来说,为了比别人生活得好,往往每天都很忙碌,

忙碌着挣钱，很少有时间面对自己。这样一来，他们根本没有时间来思考。无形之中，失去了自我。追求自我并没有错，但是也要抽时间来面对自己的心。看清楚你所追求的是否真的能实现自我的超越，是否真的如你想象的那样有价值、有意义。

2. 不妨给自己一些独处的时间

生活中，我们都在为了生存和发展不断拼搏着，白天面对同事、领导以及客户，晚上回家又是跟爱人、孩子相处。很多人根本没有独处的时间，自然没有工夫来思考。这样，时间久了，会让人偏离生活的坐标。因此在工作和生活之余要给自己留一些独处的时间，让自己去思考。

3. 时常对自己进行深刻的反思

对于每天忙忙碌碌的人来说，他认为自己所走的路、所做的努力都是正确的。但是，如果有时间，他们对自己进行深刻的反思之后，才发现或许并非如此。自己在追求所谓的梦想的同时，却失去了很多更为宝贵的东西，比如亲情、友谊。如果生活中没有了这些情感，那么活着还有意思吗？

4. 千万别拿自己当生活的机器

有很多人对待生活过于认真，每天都有自己的日程安排。为了生活，他们辛辛苦苦地奔波着。这样慢慢的，他们就会变成生活的机器，为了生活而生活，为了工作而工作。而实际上，对于我们大多数的人来说，工作是为了更好地生活。如果失去了生活的本质，那么你的辛劳奔波便失去了意义和价值。

别被浮华世界蒙蔽了你的双眼

大多数人都有很强的虚荣心，总是希望在别人面前表现得优越一些，因而常常追求很多虚假的东西，而实际上这些虚荣对他们并没有多大实

际的意义。在这样的虚荣之下,往往人戴着面具生活,活得非常累。对于我们来说,不妨斩掉虚荣,摘掉面具,生活得简单一些,真实一些,因为真实的人更容易被别人欣赏和接纳。

慧文结婚了,可是她的婚姻并不幸福。她和丈夫是经人介绍认识的,彼此之间并没有多少的感情。即使在结婚的时候谈的更多的也是物质与金钱。用慧文的话说,人就是活在现实之中,不谈现实,那么谈什么呢?

她是这么说的,也是这么做的。她的丈夫曾经承诺要给她买一辆车,可是结婚了之后却没有兑现之前的承诺。于是结婚之后,她便不停地和丈夫纠结此事,硬是逼着丈夫为她买了一辆车。

在外人看来她很风光,一出门便要开车,而且平时还带着朋友们四处兜风。可是她每个月的工资却只有2000块,每个月的油费都要花去一大半的工资,再加上自己要穿好吃好,每个月都要丈夫为她支付高昂的生活费。

时间一长,丈夫便受不了了。因为家里的开支已经让他焦头烂额了,而且有了小孩,花销更是大得惊人,又要照顾老人,又要照顾孩子,每个月的那点工资根本不够开销,慧文还要在车上花去一大笔。为此,两口子经常吵架、打架。

慧文拿出自己的撒手锏,动不动就撒泼,丈夫是个老实巴交的人,哪里是她的对手。经常纠结的丈夫便常常不回家。几个月之后,慧文得知丈夫在外面有了别的女人。这时候她才意识到自己活得多么的可悲。

为了维持婚姻,她不得不选择了妥协,在给丈夫真诚的道歉之后,她把用来炫耀的私家车卖掉了。这一下家里节省了很大的一笔开支。丈夫也回心转意,对她也比之前好多了。现在的慧文活得真实得多,每天按时上班,和丈夫一起经营婚姻,照顾孩子。

两口子感情得到了很大的弥补，生活也渐渐好了起来。丈夫时不时地还会带她和孩子出去旅游。这时候，她才真实地感觉到什么是幸福。

故事里的慧文为了满足自己的虚荣心，逼着丈夫为她买车，为她付生活费，结果把丈夫逼到了别的女人的怀里，危及到了婚姻和家庭。后来，醒悟之后，她斩掉虚荣心，活得简单而又满足，挽回了丈夫的心，捍卫了自己的婚姻。对于我们来说，虚荣的东西其实无法与现实生活相融合。要想得到幸福，就要斩掉虚荣，做单纯而又真实的自己。那么，我们该如何做到这一点呢？

1. 想清楚你所追求的是什么

对于很多人来说，自己并不知道追求的是什么，只是希望自己绝对不能比别人差。见别人开好车，自己也要开，见别人穿名牌，自己也要穿。事实上，当你开上好车，穿上名牌之后，一定会感觉到快乐吗？那倒未必。相反你会因为追求虚荣，而生活在套子里，感觉到累和痛苦。所以，在你满足虚荣心的时候，一定要明白，你所追求的是什么。

2. 不妨真实地面对自己

人往往在追求虚荣的时候会迷失掉自己。尤其是女人，总是爱和别人攀比，别人有的东西，自己也要，可是实际上真的需要吗？当你生活在别人的生活里的时候，你会因为失去自我而感到痛苦。因此，在你追求虚荣的时候，不妨来真实地面对自己，看清楚隐藏在面具后面的你是什么样子的。

3. 看清楚什么对你才最重要

一个人活着，要活得明明白白，弄清楚什么对自己才是最重要的。在婚姻中，在家庭中，在你的一生中，到底你在追求什么？是追求幸福还是追求物质呢？是为了捍卫家庭放弃虚荣呢？还是在虚荣心的驱使下，放弃婚姻呢？我想，你应该明白什么对你才是最重要的。

4. 在追求时别忘了你的能力

有的人虚荣心很强，总是活在比较中。可是，他们却忘了，自己现实的经济实力。自己凭什么去跟别人攀比呢？因此，如果你聪明点，在追求虚荣的时候，别忘了看一看真实的你是什么样子的，有没有这个能力。如果没有，趁早打消你的那些不切合实际的念头。

求名心切之人往往误入迷途

人生在世，追名逐利本无可厚非，但是如果刻意追求名利，就会让你丧失心智，不择手段去让自己出名。最终既伤害了别人，也把自己坠入万劫不复的深渊，无力自拔。之所以这样，是因为他们无法抵御名利的诱惑，没有正确认识生活。事实上，如果你能把名利看得淡然一些，或许在不经意的一霎那，就会实现你的愿望。追名也要脚踏实地，切不可急功近利。

邓园是某县的副县长，平日里对待工作认真负责，对待老百姓亲切无比。可是这么一个好县长最近却被上级机关点名通报批评，甚至被开除公职。这究竟是为什么呢？

原来，最近市委市政府缺了一位副市长，常委会议商量决定在县长当中提拔一人，当然是政绩最优秀的人。于是，各个县的县长积极活动了起来，争取获得上级机关的提拔。

邓园也不例外。尽管他只是个副县长，但是却有很大的抱负。于是，邓园想要好好表现一番。当时县委最头疼的问题便是拆迁，因为很多农户不愿意接受他们提出的补偿条款，拆迁一度被迫终止。邓园自告奋勇，亲自带着拆迁队赶赴了现场。

当有农户出来阻挡的时候，邓园不停地说好话，后来还抬出了县政府

的文件，可是农户软硬不吃，邓园非常恼火，一气之下，指挥着拆迁队强行将农户的房屋推倒了。当撕心裂肺的哭喊声响起的时候，邓园才意识到问题的严重性。原来，他在强行拆迁的时候，屋里的老太太来不及躲避被压在了废墟里。

当事的农户顿时将拆迁队揪住不放，邓园情急之下指挥着县里的警察将农户一家拉到了派出所里，由于担心对方闹事，随即将他们强行拘留了一个礼拜。后来，市委检察院介入之后，农户一家才被放了出来。

很快，邓园成为了新闻人物，市委省委对此事非常重视，特意成立了检查组前来调查。就这样，邓园被开除公职接受调查。

故事里的副县长邓园为了能够表现优秀，获得提拔的机会，故而强行拆迁，结果闹出了人命。如果当初他不为名心切，或许也不会误入歧途，更不会将自己的光明前途葬送掉。所以，人活一世，求名本无可厚非，可是如果急功近利，就有可能不择手段，这样一来，就走错了方向。那么，如何才能杜绝急功近利的心理呢？

1. 真切认识俗世的名

有人说，人活在世上的意义无非是追名逐利。诚然，追名并没有不对，但是并不是说，名利就是人生的一切。对于很多人来说，生命的真谛在于自我的不断提升，在于奉献，在于爱。当你认识到人活着的真正意义之后，或许对俗世的名也就失去了兴趣；当你真正认识了生命追求的是什么之后，你也就看淡了。

2. 不要被心魔所控制

人往往在欲望的驱使下，穷奢极欲地去追名，这样很容易被自己的心魔控制，为了达到目的而不择手段。即使要追求名，也要采取合适的方法和手段，也要遵循社会的运作规律，千万不能一时糊涂，忘记了基

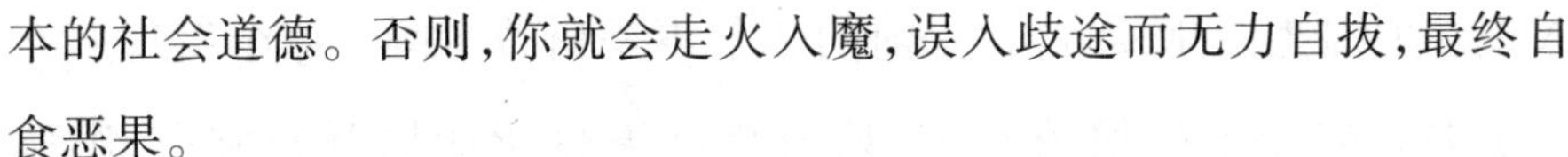

本的社会道德。否则，你就会走火入魔，误入歧途而无力自拔，最终自食恶果。

3. 不能越过道德底线

不管你做什么事情，都要恪守道德的底线，不能去伤害别人。即使在追求名利的时候，也是一样的，不能把自己的幸福建立在别人的痛苦之上。这样即使你追求名利，也不会因此而迷失自我，名望在你的心中远在道德的底线之下。事实上，也只有这样你才不会误入歧途，走火入魔，最终走向灭亡。

让人窒息的欲念会灼伤自己

欲望是一把双刃剑，一方面推动了人类的进步，一方面把人类带进了万劫不复的深渊。尤其在当代社会，人们心中的欲望达到了前所未有的地步。人们常常被欲望刺激得兴奋异常，每当看见有钱人挥金如土的生活就血脉贲张。人们幻想着得到金钱、美女、豪宅和权利，却不想着施舍、救济和放弃。可现实让我们贫穷，这个矛盾让人们感到忧愁和不安，人们生活得好累。

有两个樵夫非常贫穷，他们靠上山砍柴维持生计。

一天，他们在山里发现了两大包棉花，心里非常高兴，因为棉花的价格高过柴薪数倍，将这两包棉花卖掉，则可保证家人在一个月内不用挨饿。两人当即各自背了一包棉花，赶路回家。

走着走着，其中一个樵夫发现山路上有一大捆布，走上前去仔细一看，竟是上等的细麻布，足足有 10 匹之多。他欣喜异常，和同伴商量，一同放下肩负的棉花，将这些布背回家去。

他的同伴却不愿意这么做，认为自己背着棉花已走了一大段路，如

果现在把棉花丢掉，那自己先前的辛苦不是白费了吗？那个发现麻布的樵夫见同伴不听他的劝告，只得自己竭尽所能地背起麻布，继续前行。

又走了一段路后，背麻布的樵夫望见林中闪闪发光，赶忙走上前去，发现地上散落着数罐黄金，心里顿时乐开了花：这下我可发财了。赶忙邀同伴放下肩头的棉花，用扁担将这些黄金挑回家去。

他的同伴还是那一套观点：自己辛辛苦苦将棉花背到这里，说什么也不能扔掉。他甚至怀疑那些黄金不是真的，劝他不要白费力气，免得到头来空欢喜一场。

发现黄金的樵夫只好自己挑了两罐黄金，和背棉花的伙伴赶路回家。走到山下时，天空突然变得阴暗起来，接着就下了一场大雨，两人都被雨水淋了个透湿。更不幸的是，背棉花的樵夫肩上的大包棉花，被雨水淋湿后，变得更加沉重，已经超过了他的承受范围，无奈之下，樵夫只得丢下一路辛苦舍不得放弃的棉花，空着手和挑金的同伴回家去。

故事里背棉花的樵夫就是因为不肯放弃自己的欲望，结果不但失去了获得麻布的机会，甚至放弃了获得黄金的机会，最终在大雨中一无所获，两手空空回了家。如果当初他能及时放弃背负的棉花，或许他已经获得了黄金。可见，在生活中，我们一定要及时放下无法背负的欲望，轻松快乐地生活，说不定你会获得更有价值的东西。当然，这并不是一般人能够做到的。

各种各样的欲望摧残着人们的身心，为了赚钱人们放弃了睡眠，放弃了娱乐，放弃了一切感受生活美的时间；为了权利，人们投机行贿，行走在法律的边缘，甚至铤而走险，践踏生命。为了一切能达到的欲望，人们无所不为，甚至无恶不作，不惜一切代价。即使这些欲望得到了满足之后，还觉得痛苦难受。可能他们发现这些东西并不是自己想要的。欲望让人

们迷失了本性，在追逐欲望的过程中，人们从来没得到过真正的快乐和满足，甚至会很痛苦。

人不能没有欲望，没有欲望就没有前进的动力，但是欲望太强，就会让人失去自我，被内心之中的心魔所控制，继而为了满足欲望而不择手段。贪得无厌的欲望是无休止的深渊，满足了一个欲望，又会产生新的欲望。这样你永远生活在欲望的阴影之下，永远得不到快乐，也不会感觉到幸福。

适当放弃一些欲望，彻底摒弃贪欲才是快乐生活之道。

贪婪是不幸的根源，要想获得幸福和快乐，就必须要控制贪欲，让自己在正确的价值观引导下去努力和追求幸福。对付贪欲最有效的方法就是学会放弃，放弃一切让你感觉到不开心的欲念，放弃那些压力过大，而且不可能的追求。这样一来，你就有时间去追求自己喜欢的东西，过自己想要过的生活。

人的欲望是没有止境的，如果你不及时放弃一些想法，那么你的身上和心灵背负的东西一定越来越沉重，快乐就真的离你而去了，因此要学会放弃、自我解脱，保持一颗平常心。少一点欲望，就会多一些快乐。

弃掉名利，去过云淡风轻的日子

很多人觉得人活着就是追逐名利，有些人一辈子穷奢极欲地追逐，都不一定能够得到。既然得到了，又怎么能轻易放弃呢？他们觉得，这样做的人是十足的傻瓜笨蛋。事实上，这不是笨，而是他们悟透了生命的意义，不想让自己被尘世所累。可以这么说，放弃名利，去过风轻云淡的日子是对自己最大的恩惠。

在大部分同学选择上大学的时候，程晨做出了惊人的抉择。她放弃

了上重点大学的机会，选择了去下海做生意。说干就干，她跑遍了所有亲戚朋友的家，筹借了整整 10 万块钱，在市内的繁华区开了一家服装店。由于程晨眼光独到，她所进的衣服都非常流行，深得顾客的喜欢，所以，一度生意非常好。

不到一年的时间，她赚足了钱，不但注册了公司，而且还给自己买了一辆高档的小车，那时候的他可谓是名利双收，成为很多孩子效仿的榜样。可是她却一点也不快乐，相反，昔日的好朋友也渐渐和她拉远了关系。

不久，程晨认识了一个叫雨燕的女孩，是一个绘画专业毕业的大学生。雨燕常常带着画板坐在街角，为行人免费画像，引起了程晨的注意。这天，她走过去认真地看雨燕画画。雨燕看她观察得很投入，于是和她聊了起来。很快，她们成了无话不谈的朋友。

于是，程晨每天都去看雨燕画画，雨燕也给她说一些基本的绘画原理。渐渐地程晨对画画产生了浓厚的兴趣。那段时间，她跟着雨燕去野外写生。慢慢地，她被大自然的美丽风景深深地吸引住了。而且，在雨燕的帮助下，她也学会了写生。

后来，她索性关闭了正在发展的公司，而且悄悄把自己的名贵车卖掉了，和雨燕一起四处旅游，过起了云清风淡的日子。期间，她把大部分的财富捐给了社会，从来没有向任何人提及，就连她的搭档雨燕也没有告诉。

故事里的程晨年龄不大，但是事业做得相当有规模，可以说是名利双收，但是她却一点也不快乐。后来在结识了雨燕之后，真正接触到了艺术，接触到了大自然，她才悟透了生命的意义，最终做出了决定，放弃名利，去过风轻云淡的日子。可见，放弃名利是获得快乐的不二法门。那么，在这个过程中要注意哪些方面的问题呢？

1. 看清楚名利后面的累

很多人穷其一生，在追求名利。他们在追求名利的过程中，无形之中也把很多烦恼和压力背负在自己的身上，常常感觉到劳累和痛苦，失去了生命最本质的快乐。如果你能看清楚这一点，不妨放弃名利，放弃麻烦、痛苦和压力，让自己过得简单一些，你会发现，你的生活顿时充满了阳光，一切是那么温暖。你也会发现，原来生活是那么的美好。

2. 完全悟透生命的真谛

生命本身并不复杂，简单也就会快乐。这也是为什么孩子会生活得那么开心。追名逐利，使我们背负了太多的压力和痛苦，让我们的生命不堪重负，而失去了原本的色彩。当你去零距离接触大自然，你会被生命的美丽所震撼。你会因为活着而幸福，会因为活着而开心快乐。等你领悟了生命的这些意义之后，你才会发现放弃名利是多么值得的一件事。

3. 遵从心的方向去选择

很多人向往过简单的生活，渴望跟大自然近距离接触。可是一想起自己这么多年的苦苦努力，他们便开始犹豫不决。因而，尽管渴望，但是却不肯放弃，不肯卸下身上的重负。这样，他们的内心更加痛苦。事实上，这时候，你应该遵从心的方向，想清楚你追求的是快乐幸福还是虚名薄利。

4. 一定要有出世的心态

我们常常对那些出家人非常尊敬，因为他们对尘世的一切不再留恋，他们追求的更多的是精神上的解放。因而，要想让你的生命丰富多彩，不妨有出世的态度，不要留恋虚名，也不要舍不得名利，那些只不过是满足欲望的一种工具，而不是你活着的真正价值和意义。

急于求利者永远在疲惫劳碌

“工作，拼命地工作，只为赚取更多的钱来改善生活。由此，社会竞争越来越激烈，常常让人们在每天的忙碌中忘记了自我，忘了给自己留出休闲放松的时间。同时，生存的压力，也逼迫人们像爬天梯一样不断向上爬，小心翼翼，不敢有丝毫的放松。

快乐是什么，很多人只能在领到薪水的那一刻才能体会的到。当前仆后继的电费、水费、房租等账单摆在眼前时，心里留存的只有如何多赚些钱。个人的健康，与家人休闲娱乐的时间，个人兴趣与个性的张扬，全被一张张紧排的工作表所填满。这哪里是工作，分明是在拿自己的生命去换取名利。

一位爸爸下班回到家很晚了，很累并有点烦，发现他5岁的儿子靠在门旁等他。“爸，我可以问你一个问题吗?”

“什么问题?”“爸，你一小时可以赚多少钱?”“这与你无关，你为什么问这个问题?”父亲生气地说。

“我只是想知道，请告诉我，你一小时赚多少钱?”小孩央求。“假如你一定要知道的话，我一小时赚20美元。”

“喔，”小孩低下了头，接着又说，“爸，可以借我10美元吗?”父亲发怒了：“如果你问这问题只是要借钱去买毫无意义的玩具或东西的话，给我回到你的房间并上床睡觉。好好想想为什么你会那么自私。我每天长时间辛苦工作着，没时间和你玩小孩子的游戏。”

小孩安静地回自己的房间并关上门，父亲坐下来很生气。约一小时后，他平静下来了，开始想他可能对孩子太凶了——或许孩子真的很想买什么东西，再说他平时也很少要过钱。父亲走进小孩的房：“你睡了吗，

孩子?”“爸,还没,我还醒着。”小孩回答。“我刚刚可能对你太凶了,”父亲说,“这是你要的10美元。”

“爸,谢谢你。”小孩欢叫着从枕头下拿出一些被弄皱的钞票,慢慢地数着。

“为什么你已经有钱了还要?”父亲不解地说。

“因为这之前不够,但我现在足够了。”小孩回答,“爸,我现在有20美元了,我可以向你买一个小时的时间吗?明天请早一点回家——我想和你一起吃晚餐。”

故事里的爸爸由于整天忙着挣钱,而忽略了家人,小孩用20美元来买爸爸的一小时,目的只是为了能和爸爸在一起。急于求利往往把自己当作了机器,而失去了享受生活的权利。事实上,金钱并不是万能的,尤其买不来健康和情感。

工作是为了更好地生活,不管你赚钱多少,如果因为工作而失去了生活中的快乐,这是极其可悲的。生活压力大,我们又有很多需求,这些都是现实的问题,但如果因为这些,使得每天的生活充斥的只是枯燥,只是忙碌,那快乐何时都不会到来。

一个人的快乐,并不是因为他拥有的多,而是因为他计较的少。多是负担,是另一种失去;少非不足,是另一种有余。舍弃也不一定是失去,而是另一种更宽阔的拥有。美好的生活应该是时时拥有一颗轻松自在的心,不管外在的世界如何变化,自己都能有一片清静的天地。清静不在热闹繁杂中,更不在一颗追求太多的心中,放下欲念、开阔心胸,心里自然清静无忧。

过重的压力不仅会使自然界的事物弯折,对于人来说,同样如此。每日工作辛苦,缠绕在一大堆的文件和纷杂的事物中,难免心生疲惫,感到厌倦,每每这时,生活的压力是否会变得更重?

在现今社会中，人人都应学会如何舒解自己的精神压力，如此才能活出健康豁达的人生！当然，有一些压力是必须的，就像船，必须要有些东西去压船，才能航行。但是，如果压力太大，你的人生之舟航行起来，必定是艰难辛苦的。

卸下这些负担，放下压力，选择适时地放松自己。既然你工作得很努力，那么休闲也应该很尽兴。工作之余，不妨找个时间好好散散心。尽可能地摆脱掉平日缠身的事情，自己想想有什么事能使你那一天过得很快乐。这样才会释放压力，给心灵更多的幸福感。

参考文献

[1]宿春礼,熊永鑫.性格决定命运全集[M].哈尔滨:黑龙江科学技术出版社,2007.

[2]吴淡如.性格决定幸福[M].南昌:21世纪出版社,2008.

[3]吴维库. 阳光心态[M].北京:机械工业出版社,2006.

[4]李开复.做最好的自己[M].北京:人民出版社,2005.